苏州大学国家级一流本科专业建设成果

视觉传达设计
必修课

Visual
Communication
Design
Compulsory
Course

书籍装帧
创意与设计

方 敏 丛书主编

杨朝辉 周倩倩 刘露婷 编著

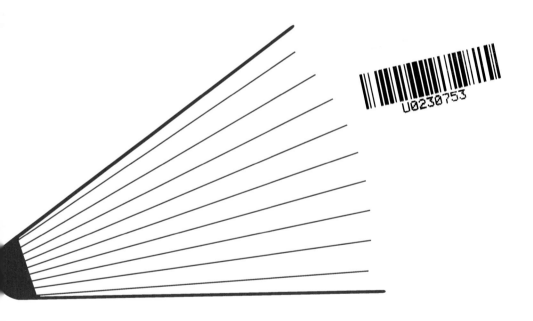

化学工业出版社

·北京·

丛书编委会名单

丛书主编：方　敏

编委会成员：杨朝辉　李　壮　毛金凤　王远远　夏　琪　周倩倩

刘露婷　王亚亚　吴秀珍　项天舒　张　磊

内容提要

本书主要包括六方面内容：书籍装帧设计概述、书籍装帧设计的基本原则、书籍装帧设计的内容、书籍装帧的版式设计、书籍装帧发展的多样性以及书籍装帧设计案例赏析。各章节都对书籍装帧的相关内容做了比较全面的阐述，列举了近百个案例进行不同角度的点评。另外，书中每章后面还有专题拓展、思考练习及二维码，可以提供更多案例供读者参考。

本书内容丰富、图文并茂，突出实用案例，可以为广大艺术设计爱好者提供设计参考，也可以作为各艺术设计院校书籍装帧创意与设计课程的教材。

图书在版编目（CIP）数据

书籍装帧创意与设计/ 杨朝辉，周倩倩，刘露婷编著 .— 北京：化学工业出版社，2020.7（2024.9重印）
　（视觉传达设计必修课 / 方敏主编）
　ISBN 978-7-122-36961-1

Ⅰ . ①书… Ⅱ . ①杨… ②周… ③刘… Ⅲ . ①书籍装帧 - 设计 Ⅳ . ① TS881
　中国版本图书馆CIP 数据核字（2020）第084358 号

责任编辑：徐　娟　吕梦瑶	装帧设计：夏　琪
责任校对：王　静	封面设计：王亚亚　郭子明

出版发行：化学工业出版社有限公司（北京市东城区青年湖南街13 号　邮政编码100011）
印　　装：涿州市般润文化传播有限公司
787mm×1092mm　1/16　印张11　字数260 千字　2024 年9 月北京第1 版第4 次印刷

购书咨询：010-64518888　　售后服务：010-64518899
购书网址：http://www.cip.com.cn
凡购买本书，如有缺损质量问题，本社销售中心负责调换。

定　　价：68.00 元

写在前面的话

"大学之道,在明明德,在亲民,在止于至善。知止而后有定,定而后能静,静而后能安,安而后能虑,虑而后能得。物有本末,事有终始,知所先后,则近道矣。"这句话源自儒学经典《大学》的开篇语,从读书到任教的几十年来,古人的教诲深深铭刻在我心中。

如今,中国艺术设计教育已进入繁荣发展的阶段。俗话说:"好记性不如烂笔头""授人以鱼不如授人以渔"。我相信教育的可贵之处在于经验的传承,诸位编者将多年来教学、研究与实践经验编著成集,希望可以对艺术设计的教育、教学以及广大爱好人群提供有益的参考。

本套丛书命名为"视觉传达设计必修课",意在强调以培养视觉传达设计专业的人才为首要目标,并且为广大爱好者、需求者提供优秀的学习用书和案例参考。从视觉传达设计专业的角度出发,丛书综合以往教学用书的规范与严谨,同时根据时代、市场、审美变化的需求,在素材的选用上与时俱进,力求理论联系实际,突出实用性、趣味性、功能性、时代性和创新性。丛书的编写致力于衔接新时代的设计人才需求,希望对国内外相关的实践与理论研究起到积极的推动作用。

本套丛书共包括《平面构成》《字体设计》《图形创意》《书籍装帧创意与设计》和《包装设计》五本。丛书的作者主要是来自苏州大学艺术学院的教师和校友,由方敏任丛书主编,杨朝辉、李壮、毛金凤、王远远、夏琪、周倩倩、刘露婷、王亚亚、吴秀珍、项天舒、张磊参编,并得到郭子明、陈义文、朱思豪、赵志新、赵武颖、石恒川、蒋浩、薛奕珂等研究生的协助。大家对待书稿认真负责,精诚协作,令我坚信团队的力量必将收获繁花似锦的未来。

在苏州大学艺术学院给予的平台、学院领导的大力支持,同时在化学工业出版社领导和各位工作人员的倾力相助、各位编委的共同努力下,加上几位优秀研究生的紧密协助,本套丛书得以顺利出版。在此,向以上致力于推进中国设计教育事业的专家、同行们致以诚挚的敬意和感谢!

本套丛书编纂环节历经了多次艰难辛苦的探索过程,书中难免有疏漏与不足,敬请广大读者批评指正,便于在以后的再版中改进与完善。

本套丛书是苏州大学国家级一流本科专业建设成果,也是苏州大学艺术学院"江苏高校优势学科(设计学)建设工程项目"的重要成果。

方 敏

苏州大学艺术学院

2020 年 3 月

目 录
CONTENTS

书籍
装帧

第 1 章　书籍装帧设计概述

内容关键词：

装帧　装订形式　平装本　精装

学习目标：

● 熟悉书籍装帧制作方法及相关理论

● 了解在书籍发展的过程中印刷术的作用和贡献

● 了解国内外传统的书籍装帧和近现代书籍装帧的关系

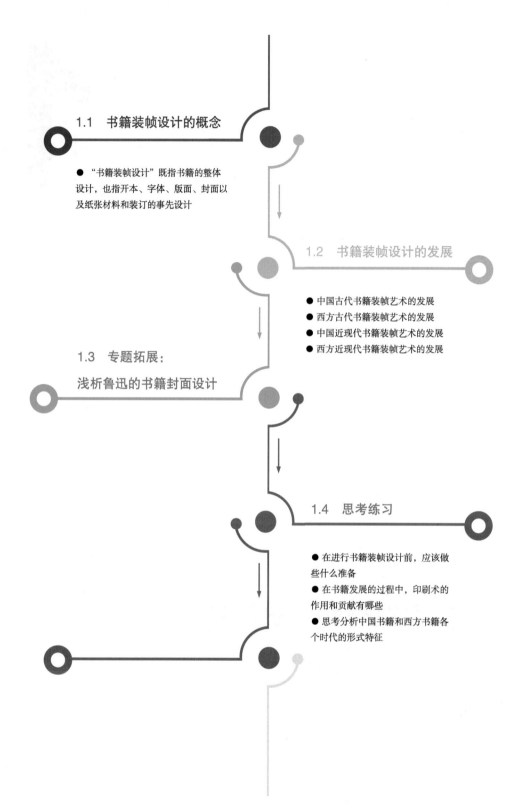

1.1 书籍装帧设计的概念

● "书籍装帧设计"既指书籍的整体设计，也指开本、字体、版面、封面以及纸张材料和装订的事先设计

1.2 书籍装帧设计的发展

● 中国古代书籍装帧艺术的发展
● 西方古代书籍装帧艺术的发展
● 中国近现代书籍装帧艺术的发展
● 西方近现代书籍装帧艺术的发展

1.3 专题拓展：

浅析鲁迅的书籍封面设计

1.4 思考练习

● 在进行书籍装帧设计前，应该做些什么准备
● 在书籍发展的过程中，印刷术的作用和贡献有哪些
● 思考分析中国书籍和西方书籍各个时代的形式特征

1.1　书籍装帧设计的概念

　　书籍是人们在实践中创造出来的，是人类文化得以传承的重要手段，没有文字和书籍，人类文明和社会进步会变得缓慢，交流发展会更加曲折。书籍是人类思想交流和知识传播的重要载体，它承载着人类历史发展长河中的智慧结晶。在信息高速发展的今天，书籍以不可替代的功能性及其独特的艺术魅力，越来越受到人们的关注和重视。

　　"书籍装帧设计"一词的英文是 book design，意思是书籍的计划、设计、形成，既指书籍的整体设计，也指开本、字体、版面、插图、封面、护封以及纸张的印刷、装订和材料的事先设计，也就是从原稿到成书应做的整体设计工作。书籍装帧设计是依附于书籍的产生而产生的，并随着时代的发展而不断进步。书籍装帧设计在当下不仅是为书籍做简单的外表包装，还是以书籍形态为载体，进行从书芯到外观的全方位整体视觉形象设计。书籍装帧设计是一门多学科交叉的艺术学科，是一项立体的、多层次的、动态的系统工程，是将一部文字或图片的书稿，经过书籍装帧设计者的构思，运用文字、图形、色彩等元素进行艺术手法设计，再通过一系列的装帧工艺进行生产，制作成具有审美情趣的综合艺术书籍。

1.2　书籍装帧设计的发展

　　书籍形态方面的设计与制作有着悠久的历史。书籍产生的前提是必须有文字，文字是书籍产生的基本条件。远古时期，早期人类除用语言传递信息外，还常用结绳来记载事情，即把绳子打成各式各样大小不同的结，分别代表不同的事情和含义，用以传播知识和交流思想。此外，在陶罐上涂画有规则的符号纹饰，也是最早的记事方法之一。兽骨、龟甲上的甲骨文，以及青铜器上的钟鼎文，都是最初的书籍形式。书籍的内容反映出人们在一定时期内的生活状况和意识形态，它随着时代而发展，在不同的历史时期中，书籍具有特定的装帧形态。最早具有书籍属性的，是中国的简策和欧洲的古抄本（图 1-1、图 1-2）。

图 1-1　中国的简策　　　　　　　　　　　　　　　　　图 1-2　欧洲的古抄本

1.2.1 中国古代书籍装帧艺术的发展

中国是文明古国，在漫长的历史进程中，中国在书籍形态方面的设计与制作有着极其丰富的历史。现在，随着中国出版业的发展和出版市场的逐步开放，现代书籍装帧方法在结构层次上与古代相比发生了巨大变化。从事专业书籍装帧的团体及个人不断涌现，书籍装帧在出版业的发展中发挥着重要的作用。书籍装帧艺术已发展为封面艺术、字体艺术、版面艺术、插图艺术、材料艺术和印刷装订艺术相结合的产物。

■ **最早的装订形式——简策装** 中国的书籍形式是从简策开始的。简策始于商代，制作方法是将大竹竿截断后劈成细竹签，以竹签为载体来记载文字，称为简。将许多简编连起来叫做策，故称为简策。

■ **应用最久的装订形式——卷轴装** 卷轴装始于帛书，春秋时期，人们对书便于携带的要求加强，于是出现了在丝织品上写的书。帛柔软轻便，携带保藏都很方便。帛书的左端包一根细木棒做轴，卷首粘接一张叫作"裱"的纸或丝织品。裱的质地坚韧，起保护作用。裱头再系以丝带，用以捆缚书卷。从左向右卷起，卷为一束，称为卷轴。现代装裱字画仍沿用卷轴装（图 1-3）。

图 1-3 卷轴装

■ **由卷轴装向册页装发展的过渡形式——经折装** 经折装是在卷轴装的形式上改造而来的，即用左右反复折合的办法，将书籍折成长方形的折子形式，凡经折装的书本都称为折本。在折子的最前面与最后面的封面和封底，再糊以尺寸相等的硬板纸或木板作为书皮，以防止损坏，多用于佛经等。经折装的出现大大方便了阅读，也便于取放。在书画、碑帖等装裱方面一直沿用到今天（图1-4）。

■ **由卷轴装向册页装发展的过渡形式——旋风装** 旋风装实际上是经折装的变形产物。从第一页翻到最后一页，仍可接连翻到第一页，回环往复，不会间断，使之成为前后相连的一个整体，因此得名。遇风时，书页随风飞翻犹如旋风，因此被形象地称为旋风装（图1-5）。

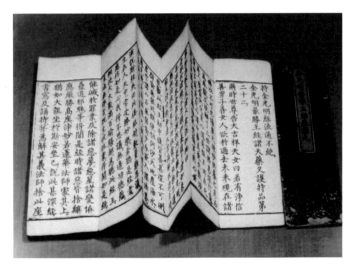

图 1-4 经折装

图 1-5 旋风装

■ **早期的册页形式——蝴蝶装**　蝴蝶装是宋元雕版印刷书籍的主要形式，将印有文字的一面朝里对折，然后依次把所有书页依照中缝与对折好的书页背背相对，再用黏合剂粘在一起，最后附上书壳，裁齐成册（图1-6）。

■ **宋末开始出现的装帧形式——包背装**　将书页有文字的一面向外，以折叠的中线作为书口，背对背地折叠起来。翻阅时看到的都是有字的面，阅读时连续不断，增强了功能性。包背装采用纸捻装订技术，在书背近脊处打孔，再将长条形的韧纸捻成纸捻，以捻穿订，最后以一整张纸绕书背粘住，作为封面和封底。包背装的装订及使用较蝴蝶装更方便、牢固且不易脱落，但装订的过程较为复杂，所以不久后便被线装所取代（图1-7）。

图1-6　蝴蝶装

图1-7　包背装

■ **明代以后盛行的装帧形式——线装** 线装盛行于明朝中叶以后，在线装的封面、封底上下各置一张散页，然后用刀将上下及书背切齐后用浮石打磨，再在书脊处打孔后用线串牢。线多为丝质或棉质，最常见的订法是四针眼订法，偶尔也有六针眼或八针眼。这种结构不易散落，形式美观，是古代书籍装帧发展成熟的标志（图 1-8、图 1-9）。

图 1-8　线装 1　　　　　　　　　　　　　　　　　　　　　　图 1-9　线装 2

1.2.2　西方古代书籍装帧艺术的发展

西方的装帧设计艺术同中国的装帧设计艺术一样，也经历了一个漫长的发展过程。在造纸术传入西方国家之前，那里的人们取材于当地特有的物质材料，如石头、陶器、叶、羊皮、纸草、金属等，经过一系列加工后刻写上文字，成为最原始的书籍形态。

■ **埃及的纸草书** 非洲东北部尼罗河流域的埃及人制作书籍的材料是纸莎草。纸莎草形似芦苇，大量生长在尼罗河三角洲。古埃及人将其茎的外皮削去，取出内茎，锤成薄片，再把薄片横竖叠加，使莎草纸更加牢固，表面更为平整。通常把莎草纸按顺序粘起来，形成一个卷轴，单面书写。文字可以擦拭重写，反复使用。它不仅轻便，而且材料来源丰富，经济实惠。因为纸莎草是埃及独有的植物，当时的埃及人控制着它的分配，因此，在很长一段时间里也影响了书写和图书的发展（图 1-10）。

图 1-10　纸草书

■ **泥版书** 泥版书起源于西亚，后来传到希克里特岛、迈锡尼等地，刻写于泥板上的文字分为楔形文字和线性文字。泥版书的制作方法如下。先用黏土制成每块规格相同、重约1kg的软泥版，然后用斜尖的木制笔在软泥上刻写文字。文字刻写后放在阳光下晒干，再放入火中烘烤。泥版书的制作和使用一直延续到公元1世纪（图1-11）。

■ **蜡版书** 蜡版书是世界上最早的可重复使用的记事簿，也是最原始的一种图书。公元前8世纪，中东地区的亚述人已用它作为文字的载体，代替需从外地引进的莎草纸和羊皮纸。它的制作方法是：将薄木板表面的中间部分掏空，把熔化的蜡注入其内，在蜡未完全硬化之时刻写文字，将刻写后的蜡板打孔后穿绳，即制成蜡版书。在需要时只需将蜡木板烤热，文字熔化后便可以重复使用（图1-12）。

图 1-11 泥版书

图 1-12 蜡版书

■ **缅甸、印度的贝叶书**　缅甸人用贝多罗树的叶子（即贝叶）刻写成书。在刻好的贝叶上涂上煤油，字迹即可显现出来，然后用纽绳串联刻好的贝叶即成。同时，在古印度，人们将圣人的事迹及思想用铁笔记录在象征光明的贝叶上。而佛教徒也将最圣洁、最有智慧的经文刻写在贝叶上，然后装订成册，称为贝叶书。传说贝叶书虽经千年，其文字仍清晰如初，其拥有的智慧是可以流传百世的（图 1-13）。

■ **古罗马的羊皮书**　公元前 2 世纪，古罗马使用当时在小亚细亚的培格蒙大量生产的羊皮纸。这种纸取材于绵羊和山羊，它的优点是可以就地取材，任何地方都能制作，而且比莎草纸耐用，可以两面书写，通常使用芦秆或羽管做笔。最初的羊皮书和纸草书一样都是卷轴式的，古罗马人从公元前 1 世纪开始将羊皮纸裁成书页穿连，外加木板夹住。古罗马的书籍形式从这时起至 4 世纪末基本上完成了由卷轴式向册页式的过渡（图 1-14）。

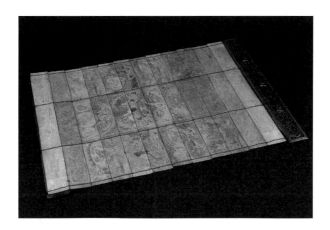

图 1-13　贝叶书

图 1-14　羊皮书

1.2.3 中国近现代书籍装帧艺术的发展

20 世纪初，西方的现代印刷技术促使中国的书籍装订工艺发生了巨大转折，中国书籍装帧方法在结构层次上发生了变化，由线装本向以工业技术为基础的装订本转变，出现了平装本和精装本。1919 年五四运动前后，新文化运动使中国文化出现了新的高潮，书籍装帧艺术进入一个崭新的时代，封面、封底、扉页、版权页、护封、环衬、目录页、正页等新的书籍设计名词出现在中国书籍设计的历史中。站在中国书籍装帧艺术革新运动最前列的是鲁迅（图1-15），他不仅是一位伟大的文学家、思想家，也是中国现代书籍装帧艺术的倡导者。他一方面介绍和推荐国外的优秀设计，另一方面强调要发掘传统艺术文化，形成强烈的民族风格。在他的倡导下，书籍装帧艺术发展成不仅重视封面，还重视扉页、正文、插图、字体、色彩甚至印刷工艺等的整体设计。书籍的装订形式也发生了改变，如弃线装，采用平装，文字编排格式也由竖排转为横排。这些改变促成了在那个特定时期中国书籍装帧艺术的迅猛发展，出现了书籍装帧艺术新的繁荣时期，许多画家也参与到书籍的设计和插图创作中，如丰子恺、钱君陶、陈之佛、司徒乔、张光宇、古元等，他们对于书籍装帧的发展起到了积极的推动作用。

图 1-15 鲁迅

鲁迅的书刊设计带有典型的文人特点。第一，朴素。他设计的很多书籍封面都是"素封面"，除了书名和作者题签外，大面积留有空白。第二，古雅。他喜爱引用汉代石刻图案作封面装饰，甚至用线装古籍形式包装西方画集，"以旧瓶装新酒"。第三，喜用毛边装。鲁迅自称为"毛边党"，经常保留书边不切，他觉得"光边书像没有头发的人——和尚或尼姑"。第四，在版式上喜欢留出很宽的天地头，方便读者写上评注或心得，品读书籍内容。第五，对细节"斤斤计较"。不论是字体大小、行距、标点，还是留白、用色等，他都细加考究，直至理想为止。

在新文学革命的开放时代，设计师们博采众长，锐意创新。例如丰子恺先生以漫画制作封面堪称国内首创。陶元庆先生采用近代几何图案和古典工艺图案结合的手法，给鲁迅的众多书籍设计封面，形成了独特的艺术风格。新文化运动提倡科学和民主，打破一切陈规陋习，从技术到艺术形式都要为新文化服务。书籍作为文化传播的载体，自然吸引了大批艺术家参与到书籍装帧工作中来。他们运用各种主义、各种流派的思想进行书籍装帧艺术创作（图 1-16、图 1-17）。

图 1-16　《小彼得》封面

图 1-17　《国学季刊》封面

匈牙利妙伦著童话集《小彼得》的封面，"小彼得"三字经过艺术化处理后显得颇具童趣。

《国学季刊》的封面采用汉代石刻图案作为底纹，是鲁迅追求古雅风格的代表作。

1949 年新中国成立以后，出版事业的飞跃发展和印刷技术的巨大进步，为中国书籍装帧艺术的发展和提高开拓了广阔的前景。北京成立了出版总署，统一领导全国的出版、印刷和发行工作。中国的书籍装帧艺术呈现出多种形式与风格并存的格局。1956 年，中央工艺美术学院专门成立了书籍设计专业，由著名的书籍设计艺术教育家邱陵主持，为书籍设计事业培养了大批优秀的后续力量。进入 20 世纪 80 年代，改革开放政策极大地推动了装帧艺术的发展。国内外文化艺术交流的增多带动了国内学术思路的更新，书籍设计呈现一片繁荣景象。这一时期出现了大量优秀书籍设计作品，如邱陵的《红旗飘飘》等。

直至现在，随着中国出版业的发展和出版市场的逐步开放，以及现代设计观念和现代科技的积极介入，从事专业书籍装帧的团体及个人不断涌现，中国装帧艺术水平也越来越高，中国书籍装帧艺术更加趋向个性鲜明、锐意求新的国际设计水准。在发掘民族传统设计元素方面，国内的设计工作者也做了大量的研究和努力（图 1–18、图 1–19）。

图 1–18 《欧洲大战与文学》封面

图 1–19 《故乡》封面

《欧洲大战与文学》的封面，设计师钱君陶运用报纸剪贴手法，再加上各种形象，赋予其"达达艺术"意味的封面设计。

陶元庆为《故乡》设计的封面。设计师取故乡绍兴戏《女吊》的意境，画出一幅半仰着脸的女子，表现出一种渗着悲苦、愤怒、坚强的艺术精神。画面中主人公持剑的姿势取自于京剧中武生的造型。

1.2.4　西方近现代书籍装帧艺术的发展

　　由于政治和城市化浪潮的推动，19 世纪的书籍由传统手工业转为机械化生产，印刷量成倍增长。同时，报纸和杂志的发行量也猛增，出现了大众传播的社会现象。但是大工业生产的同时也带来了很多问题，分工的细化以及资本家单纯地追求利益，致使书籍设计失去了原有的质量，呈商业化设计趋势。在这种情况下，许多艺术家投身到书籍艺术的革新运动中，他们的共同愿望是反对当时正在泛滥的文化虚无主义，这场设计运动首先从书籍的印刷字体开始，在版面设计中展开，再逐步扩大到插图艺术和封面设计上。

　　在国家经济和文化发展的促进下，书籍装帧也得到了迅速发展，展现出现代设计的端倪。威廉·莫里斯（1830—1896）被誉为现代书籍装帧的开拓者，他是著名的诗人、政治家、建筑家、画家和书籍装帧艺术家（图 1-20）。他在 1891 年建立了凯姆斯科特印刷工厂，到 1896 年去世时，在 6 年内生产了共 52 种 66 卷精美的书籍，特别是他为《乔叟诗集》创作了乔叟字体，为《特洛伊城史》（图 1-21）创作了特洛伊字体，为《戈尔登·勒根德》的英译本创作了戈尔登字体。其中最著名的戈尔登字体强调了手工艺的特点——古朴优雅，对印刷字体的发展有很大的贡献。莫里斯的主要成就不仅有凯姆斯科特的印刷品，还包括他倡导的运动在欧美各国得到了广泛的响应，莫里斯的努力唤醒了各国对于书籍装帧艺术质量的责任感，直到今天我们仍能看到这个运动带来的深远影响。

图 1-20　威廉·莫里斯

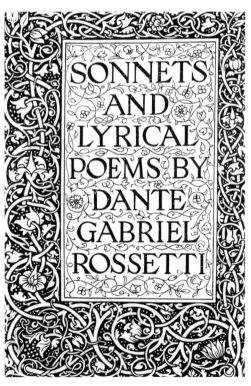

图 1-21　《特洛伊城史》封面

19世纪末20世纪初，现代美术运动在西方设计领域的兴起，标志着西方书籍装帧已进入现代设计阶段，现代美术运动认为书籍装帧是视觉传达设计的主要内容，并将其提到很高的地位。立体派、达达派、超现实主义、至上主义和构成主义的出现，打破了旧的设计艺术观念和设计法则。设计师们利用各种工艺、材料、形式和手法来表现新的空间、新的概念，使书籍装帧艺术进入了展现多种形式和多种风格的鼎盛时期，书籍装帧的商品竞争意识也日趋强烈。在现代书籍装帧阶段，东西方书籍装帧艺术由大异逐渐走向大同。

■ **英国的工艺美术运动**　工艺美术运动是19世纪下半叶起源于英国的一场设计改良运动，针对的是装饰艺术、家具、室内产品、建筑等。针对工业革命的批量化生产和维多利亚时期的烦琐装饰所导致的设计水平下降，以威廉·莫里斯为代表人物的工艺美术运动推动了革新书籍艺术的风潮，他们的目的是为书籍爱好者生产精美的书籍，致力于选用漂亮的字体、讲究的版面、良好的纸张、精美的印刷以及装订方式，这一时期创造了许多为后来设计师广泛运用的编排构图方式。

■ **新艺术运动**　新艺术运动是19世纪末20世纪初在欧洲和美国产生并发展的一次影响深远的装饰艺术运动，是传统设计与现代设计之间的一个承上启下的重要阶段。新艺术运动以自然风格作为自身发展的依据，这种风格中最重要的特点就是充满了有活力的波浪形和流动的线条。新艺术运动在德国被称为青年风格，在书籍设计方面取得了很多成果。其中，最具有代表性的人物是彼得·贝伦斯，他设计的一种新颖字体使当时德国杂乱无章的书籍版面有了很大的改善（图1-22、图1-23）。

■ **意大利未来主义**　未来主义的代表人物是意大利诗人菲利波·托马索·马里内蒂（图1-24）。他在1909年向全世界发表了《未来主义宣言》，这个宣言以浮夸的文辞宣告过去艺术的终点和未来艺术的诞生。未来主义的版面设计强调表现情感的爆发和飞速运动的力度，为了达到强烈的效果，应用无规则的构图和狂乱的线条；它将书籍设计的版式从陈旧的编排控制下解脱出来，创造了自由自在、无拘无束的版面风格（图1-25）。未来主义对传统的版面设计进行了猛烈的抨击，开启了现代自由版式的先河，代表人物有贾科莫·巴拉等。

图 1-22　彼得·贝伦斯

图 1-23　AEG 标识

图 1-24　菲利波·托马索·马里内蒂

图 1-25　《水星在太阳前面经过》封面

■ **构成主义运动** 俄国构成主义是兴起于俄国的艺术运动，又名结构主义。它是一种充满理性和逻辑性的艺术，讲究组合变化。构成主义运动广泛采用书籍这种媒介来宣传国家的革命意识形态。李西斯基是构成主义运动的代表人物，他的设计风格简单、明确，采用简明扼要的纵横版面编排为基础。李西斯基的书籍设计呈现出明显的构成主义风格，每一页的版式在编排上力求协调统一，使读者能够轻松地阅读（图 1-26、图 1-27）。

图 1-26 李西斯基的排版设计 1

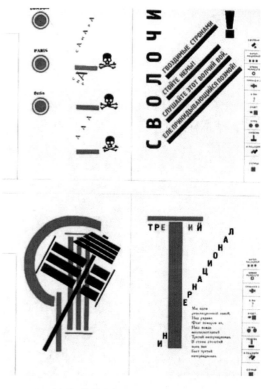

图 1-27 李西斯基的排版设计 2

1.3　专题拓展：浅析鲁迅的书籍封面设计

中国的现代书籍装帧设计是随着新文化运动的开始而发展起来的。新文化运动时期是中国书籍装帧设计承上启下的关键阶段，既是探索和发展的时期，也是中国书籍装帧设计从传统向现代转变的起点和关键点。书籍形式的艺术化表现、文字的形体、版面的设计以及风格的演变都是不同的传统，不同的时代背景，不同的文化互相影响、互相交织的产物。突显书籍本身的文化内涵，使民族传统文化精神和中西方设计元素有机结合，是现代书籍装帧艺术的精神所在。鲁迅是新文化的伟大旗手，所以我们从视觉传达的角度对他的书籍装帧艺术进行研究是非常有必要的。

新文化运动时期涌现出如鲁迅、丰子恺、陶元庆、司徒乔、关良、林风眠、陈之佛等一大批学贯中西、极富文化素养的书籍设计师。他们身体力行、博采众长，在传统之中融入了现代元素，在民族特色之中吸收了西方先进的设计思想，创作出一大批影响深远、艺术价值极高的设计作品。封面设计是鲁迅书籍装帧最突出的成就之一，其设计在立意上独具匠心、形式多样；在视觉要素的运用上，图形表现方法灵活、兼容并蓄，文字造型新颖多变、个性鲜明；色彩运用上惜色如金、以少胜多。通过鲁迅书籍装帧呈现的形态特征，可以看到他对传统文化精神的批判与继承，以及在鲜明时代精神中体现出的中西观念之间的碰撞与交融。

1.3.1　民族性：传统艺术的表达

鲁迅所主张的民族性的核心就是民族传统文化和现代精神的融会贯通。他认为书法是一种非常重要的传统元素，因此，他利用汉字的结构特征精心设计标题，形成了独特的设计风格。文字在他的书籍封面设计中占据了很大的比重，尤其是书法字体在书籍封面设计中应用得淋漓尽致。鲁迅的书籍封面设计大都以清新简练、变化无穷的汉字为主，从而加强版面的视觉冲击力。鲁迅在标题设计上根据书籍内容需要，将标题笔画结构进行大胆变化，形成厚重、轻灵、开张、收敛等个性风格。在传达书籍文字信息的同时，散发出气韵生动的艺术魅力。

在现代，字体设计是书籍设计乃至平面设计中至关重要的一步，而在鲁迅早期作品《呐喊》《十竹斋笺谱》《海燕》等书籍的设计中，我们就已经能够清晰地看到他对于书籍封面设计进行的字体创作。1922 年出版的作品《呐喊》（图 1-28）就是这类封面设计的一个重要代表。鲁迅在设计时用深红色作底色铺满版，显得沉重有力。深红色既象征着受害者的血迹，又预示着斗争和光明。横长的黑色方块置于封面的中上部，代表封建社会的铁屋子。"呐喊"两个字像用利刀镌刻一般，寓意在铁屋中强有力的高声"呐喊"，这种"呐喊"是勇猛和不可阻挡的。把"鲁迅"二字放在框线内，寓意鲁迅正是冲破铁屋的勇士，是和人民大众共同斗争的战士。这本书的封面在构图上处理独到，不仅形式上富有现代意识，还蕴涵深刻的含义，显示出设计师的渊博素养。从设计中可以看出作者是满怀深情地在设计、在呐喊、在号召。封面和内容融为一体，并传达出鲁迅发自内心深处的召唤和希望。

　　《呐喊》是反封建主义的产物，是新文化运动的产物，也是鲁迅的改革思想在书籍装帧上的重要体现。这件作品伟大的历史意义还在于它是从传统的装帧形式向现代书籍装帧艺术过渡的典范之作，也是鲁迅所主张的"民族性""东方的美""新的形""新的色"等理念在书籍装帧上的体现。

　　另外，石刻这门古老的艺术在鲁迅的搜集和推广下焕发出新的生命力，古老的文字和图案在他的书籍封面上跨越千年，焕发了生机。鲁迅采取变通之法对石刻艺术加以推广，并运用搜集所得的石刻拓片，摘取纹样融入他所译著的书籍封面设计中。例如1923年出版的《桃色的云》（图1-29），这本书是鲁迅翻译的爱罗先珂的童话集。封面为白底，上半部分印有红色汉画人物、禽兽及流云组成的带状装饰，红色像朝霞、像流云，还像流动的幕布。这个纹饰的选择是有其寓意的，不仅点明"桃色的云"的主题，而且暗示读者这是一本极富想象的童话集。封面下边用宋体铅字排书名和作者名，并印为黑色，清新简练、上下呼应。这些舞台上活动的人物显得直率、真诚，整体有一种灵动雍容的传统之美。由此可以看出，鲁迅研习汉画不拘泥形式，而是将其创造性地运用到封面设计上，是翻译书在装帧设计民族化上的成功尝试。

图 1-28 　《呐喊》封面　　　　　　　　　　　　　图 1-29 　《桃色的云》封面

1.3.2　世界性：西方艺术的吸收和扬弃

"拿来主义"是鲁迅对中外传统文化遗产的一贯主张，既不全盘继承，也不一概否定。鲁迅认为吸收西方的优秀艺术是极为必要的，因此鲁迅在传承和弘扬中国传统文化的同时，通过借鉴西方文化形式，对西方文化采用"拿来主义"，用以增强版面的艺术表现力。如在书籍封面中，直接将外文书籍中的插图应用于版式设计中以突出主题，体现书籍的异域特色，统一版式编排风格。

《引玉集》（图 1-30）是一本介绍苏联版画的画册，鲁迅以"三闲书屋"的名义在 1934年自费出版，有精装、平装两种版本。平装本封面有图案，用浅米黄色作底色铺满版，上面印红色色块。这个红色稳重且热烈，色度饱满，有一种压抑不住的欢乐气氛。黑色的字和用横竖分割的线框压在红色色块上，显得非常庄重。手写的黑体书名显得突出且活泼。横排手写苏联版画家的外文名字和"木刻 59 幅"字样用横线隔开，既轻松又不凌乱，且装饰性强，这在当时也是一种新的设计方法。《引玉集》的整个封面大方、简练，温暖的色调充满东方趣味，寓意欣欣向荣和召唤光明。从中也可看到鲁迅对这本画册的良苦用心和对苏联版画的重视，充分体现了鲁迅在书籍装帧设计上采取的"兼容并蓄"的态度。

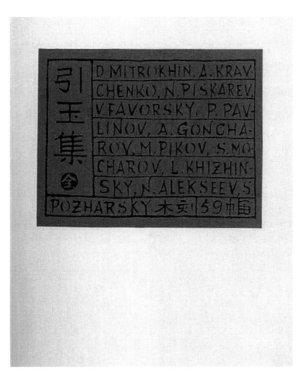

图 1-30　《引玉集》封面

1.3.3 时代性：插图在封面设计中的应用

鲁迅对书籍封面插图的重视，显示出其高瞻远瞩的专业眼光。他认为书籍的插图原意是装饰书籍，增加读者的兴趣，能够补助文字之所不及之处，同时，封面插图也是一种宣传画。鲁迅始终站在全球文化的立场上来看待中国传统文化，希望通过他们这一代的努力，吸纳和融合东西方文化的精髓，创造出既具有中国民族特色又富有时代气息的艺术作品。

其代表作品有 1934 年出版的《解放了的董吉诃德》（图 1-31），选取了苏联毕斯凯莱夫的装饰画作为书面图案，三角形的图案冲下，版面黑白分明、朴素大方。书名朴实可爱，吻合版画的风格。上面是小字，红色书名居中，用大号宋体字。开本小巧玲珑，便于翻阅。整个封面简练、清爽，和内容结合融洽，是单体设计的佳作。

《奔流》(第一期)于 1928 年出版（图 1-32），封面刊名由鲁迅亲自题写，大大的"奔流"二字非常突出，笔画相连，左右贯穿，视觉效果有奔流的体势。勾得很细的"奔流"二字的边线有很强的装饰性。"奔流"二字的字体做了变形处理，装饰效果非常突出。版面用浅米黄色作为底色，红色的"第一卷""1"四个字在封面中央，有万绿丛中一点红的醒目之感。整个封面视觉效果大气，艺术修养高，有文化内涵。

1.3.4 结语

在鲁迅的书籍封面设计中，我们感受到的是厚重的民族文化和鲜明的时代精神，他的艺术理念感染和影响了一代又一代的中国人。对鲁迅书籍封面设计的探究远不止这些，还有很多有待于我们去深思的内容。鲁迅对各种艺术风格的引介和设计手法的尝试已经完全颠覆了当时传统书籍封面设计的表现形态，建立了全新的书籍封面设计艺术价值观念，其中，注入了新时代知识分子在当代观念影响下对中国文化进行重新构建的努力和尝试。他的思想理论和实践以及他对书籍装帧艺术性的执着精神，是当代书籍装帧艺术不可替代的感召和启示。

图 1-31 《解放了的董吉诃德》封面　　　图 1-32 《奔流》封面

1.4　思考练习

■　练习内容

1. 搜集身边不同材质的书籍并仔细观察，细致地分析，写出文字说明。

2. 找出你欣赏的某本书籍的不同版次，分析其不同版次设计的优劣之处，整理成 PPT 形式。

■　思考内容

1. 在进行书籍装帧设计前，应该做些什么准备？

2. 在书籍发展的过程中，印刷术的作用和贡献有哪些？

3. 思考分析中国书籍和西方书籍各个时代的形式特征。

更多案例获取

像
山
一
樣
思
考

療癒你和人、
自然、生活
以及自我的關係

約翰．席德等 著
黃懿翎 譯

THINKING
LIKE A
MOUNTAIN

Towards a Council
of All Beings

John Seed, Joanna Macy, Pat Fleming, Arne Naess.
Illustrations by Dailan Pugh

第 2 章 书籍装帧设计的基本原则

内容关键词:

基本原则　审美原则　版面规划　整体性

学习目标:

● 掌握书籍版式设计的形式美法则

● 了解书籍封面的视觉元素及运用特点 (文字、图片、色彩、编排形式等)

● 对全书版面进行整体规划设计

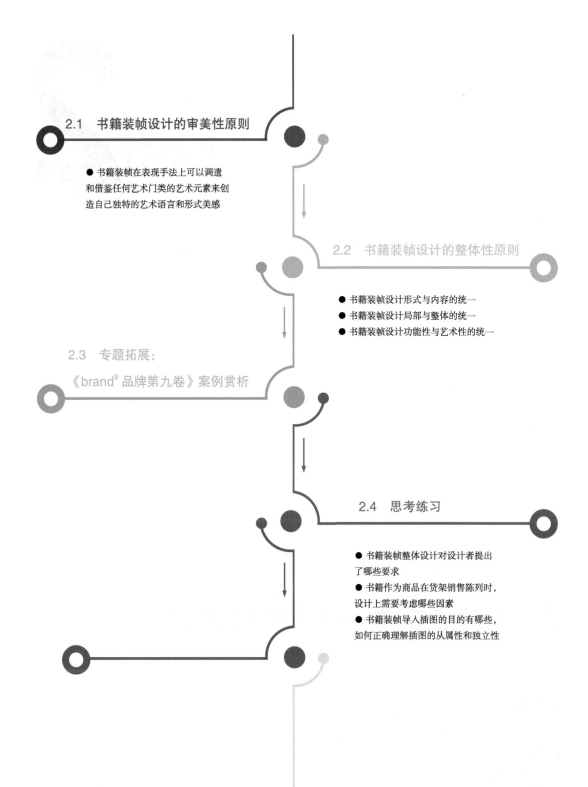

2.1　书籍装帧设计的审美性原则

● 书籍装帧在表现手法上可以调遣和借鉴任何艺术门类的艺术元素来创造自己独特的艺术语言和形式美感

2.2　书籍装帧设计的整体性原则

● 书籍装帧设计形式与内容的统一
● 书籍装帧设计局部与整体的统一
● 书籍装帧设计功能性与艺术性的统一

2.3　专题拓展：
《brand⁹ 品牌第九卷》案例赏析

2.4　思考练习

● 书籍装帧整体设计对设计者提出了哪些要求
● 书籍作为商品在货架销售陈列时，设计上需要考虑哪些因素
● 书籍装帧导入插图的目的有哪些，如何正确理解插图的从属性和独立性

何谓美的书籍，简言之是那些读来有趣、受之有益、得到大众欢迎、内容与形式统一，并具有审美与功能价值的书籍。书籍的材料经历了一个漫长而有趣的历史发展过程，在早期人类文明的书籍形态中，由于不同文明、不同地域的人们对于书籍材料选择的差异，形成了远比现代丰富得多的书籍形态样式。

人们在翻阅书籍的过程中，能很明显地感觉到不同纸张所带来的不同触感，诸如光滑、细腻、柔和或是粗犷的肌理感受。不同的纸张具有不同的肌理，一些艺术纸张的肌理变化则更为丰富，给人强烈的艺术审美感受。这就要求现代书籍装帧在艺术设计和生产技术上要有较高的水平，两者要有更加完美的结合。在表现手法上可以借鉴各种艺术门类的元素来创造自己独特的艺术语言和形式美感。在书籍出版过程中装帧设计与其他环节相配合，达到书籍内容与形式相统一，使用价值与审美价值相统一，设计的艺术化与书籍主题的内涵相统一。

2.1 书籍装帧设计的审美性原则

书籍装帧在表现手法上可以调遣和借鉴任何艺术门类的元素来创造自己独特的艺术语言和形式美感，有非常宽广的形象构成领域和丰富生动的语言表现空间。优秀的装帧设计播散出美的信息和丰富的文化内涵，给人以高雅、清新的精神享受。它由最初的"装订成册"发展成为有独立审美价值的书籍艺术。文化内涵是书籍装帧的灵魂，以特定书籍的思想内容为依据，体现其特定的精神文化内涵，是书籍装帧艺术审美功能重要的文化特征。

书籍装帧以塑造美的艺术形象来表现主题，并用美的艺术形象唤起读者的审美意识，这是一个既有历史渊源又有广泛共识的明确而有指向性的原则（图 2-1）。

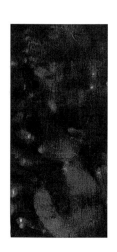

图 2-1 《围观》封面与内页

　　书籍作为传播信息和知识的载体，其首要目的是完成书籍的信息传播和阅读功能，书籍装帧设计要恰当而有效地传达书籍的内容，也就是说设计要与书籍的内容以及写作风格、种类相符合，做到形式与内容一致。书籍装帧设计的最终目的是为人们提供服务，但仅仅完成书籍的信息传播和阅读功能对于现代书籍装帧设计来说是远远不够的，这要求设计师在设计中要考虑到受众群体的性别、职业、年龄、文化程度、民族地区等方面的需要，设计风格要定位准确，满足不同受众群体的审美需求和欣赏习惯。

　　书籍装帧设计是门艺术，应遵循美感原则，要有艺术性。现代美学家克罗齐认为："美感虽然靠的是直觉，但它的直觉性也依赖于对象的形象，同审美对象而言，其存在本身就是共同的美感来源。"美感就是在装帧设计中我们要遵循的美学原则，能够使读者感受到或激发美的感受。虽然每个人的美感能力有所不同，但在一定程度上都有共同的美的基础，所以，我们在进行书籍装帧设计时要有意识地重视美的原则（图 2-2 ~ 图 2-4）。

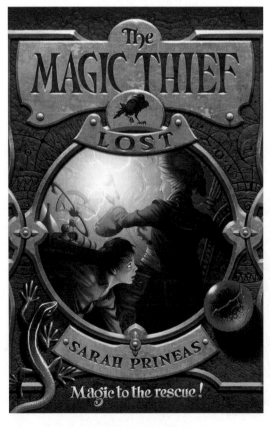

图 2-2　《The MAGIC THIEF》封面

图 2-3 《诚品生活》杂志封面

《诚品生活》杂志封面选用了传统的植物与鸟类作为装饰元素，单色化的处理加以曲线，在封面的版式设计上形成了灵动优雅的韵律美，即使色调是复古的，也同样使这本杂志焕发出新的美感。

图 2-4 《a birra do morto》封面

这本书由 Phunk 工作室设计，书中包括亚洲许多国家的设计单位和设计师的作品，也将各国擅长的设计在此书中进行展示，如新加坡的品牌宣传设计、日本的包装设计、印度的电影海报设计等。其知名设计单位 W+K（SH）、IDN、Design360°等设计作品也收录在这本书里。

2.2　书籍装帧设计的整体性原则

作为一门独立的造型艺术，好的书籍不仅提供静止的阅读，更应该是一部可供欣赏、品味、收藏的动态戏剧。这要求设计师在设计时不仅要突出书籍本身的知识源，更要巧妙利用装帧设计特有的艺术语言，为读者构筑丰富的审美空间。通过读者的眼观、手触、品味、心会，在领略书籍精华神韵的同时，得到连续、畅快的精神享受。

书籍装帧设计要重视整体性原则，从这一基本设计理念可得出：装帧设计应为书稿服务，并且以完美体现书稿的整体面貌为任务。因此，设计师在面对书稿时，必须具有整体设计构思的能力（图2-5）。

图2-5　《兹林青年沙龙2012》封面与内页

《兹林青年沙龙2012》从封面到内页，从书背到书口，从内置画册到延展出的海报，无一例外地体现出设计师在设计该书时遵循了书籍设计中的整体性原则。即以一定面积的重色色块贯穿书籍的外部封面与内部文字内容，以少量蓝色字体协调整个版面的视觉平衡，以此达到形式与内容的完美统一。

2.2.1　书籍装帧设计形式与内容的统一

　　书籍的形式与内容是表和里的关系。书籍的整体设计离不开创意，好的创意要达到形式和内容的有效统一，除了表现书籍的信息，也要传达美的意念，使书籍的主题和意境更加明确，具有强烈的艺术渲染效果。书籍设计最重要的功能是以合适的形式来表现书籍的精神内涵，好的设计师可以充分调动各种视觉要素展现出书籍的和谐形态，经验不足的设计师则会顾此失彼、形神背离，或过分关注于局部的美而忽略了书籍的整体美感。

　　书籍的装帧要有效而适当地反映书籍的内容思想、特点和作者所要表达的内容，在将书籍的思想进行概括的同时也要对书籍的发行量进行预测，还需要兼顾不同的人所具有的不同的审美欣赏习惯，满足不同年龄、性别的需求。书籍装帧不仅要为书籍升华其外表形式，还要更新其内在的气韵，所以装帧不仅要赋予字体、图形、色彩等新视觉元素，还要赋予书籍更深层次的文化内涵，将不同的民族文化和元素表现给读者。要做好这些我们就需要掌握书籍本身的内容和思想，正确理解作者的本意，这样才能使书籍装帧更完美（图 2-6 ~ 图 2-8）。

图 2-6　《24 小时太阳报》封面

　　《24 小时太阳报》是意大利的每日商业报纸。该报纸于 1965 年 11 月 9 日成立，起初叫 ILSOLE，其总部位于米兰。每一期报纸的封面都极具特点，以简洁的几何形体构建出生活中的各类元素，用色轻快明朗，给人以清爽的视觉体验。作为商业日报，《24 小时太阳报》打破了传统报业在封面上的千篇一律，它的出现无疑带来了报刊行业的另一种审美趋向。

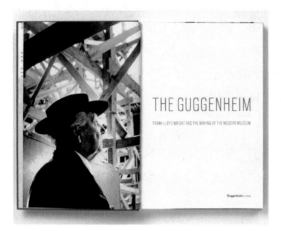

图 2-7 《THE GUGGENHEIM》内页

图 2-8 《FABVOLUTION》封面

2.2.2 书籍装帧设计局部与整体的统一

书籍作为一种特殊商品，集资料价值、参考价值、保存价值为一体，供人们阅读、欣赏和收藏。在市场经济迅速发展的今天，书籍的文化价值和商品价值早已引起出版者的高度重视，因此，"整体性"理念自始至终贯穿于书籍装帧设计之中。

书籍整体的和谐之美是由许多不同的个体组合构成的，它是评价一件书籍作品优劣的重要标准。书籍要以一个较好的形象展现在读者面前，这要求整体的设计和包装必须达到表里形象统一、性格鲜明突出，以突显书籍的特点，而在茫茫书海里要突显自我是相当不易的。整体设计是书籍设计的灵魂，只有当书籍设计有一个总的布局构想，才能使书籍的各种构成要素和谐统一，共存于书籍这个统一体中。因此，设计师必须以整体的审美观来协调书籍的各个构成关系，协调装帧设计局部与整体的关系，树立并遵循整体设计观念（图 2-9、图 2-10）。

图 2-9 《韩国国际字体双年展作品集》封面与内页

第四届韩国国际字体双年展（The 4th International Typography Biennale）于 2015 年 11 月 11 日～12 月 27 日在首尔文化站 284 举办，展览内容涵盖了平面设计、当代艺术、装置、新媒体、动态影像、城市及空间等。本届的主题是"城市与字体"。该作品集由李秀景和金永万设计，书籍内的排版和封面版式设计十分协调。

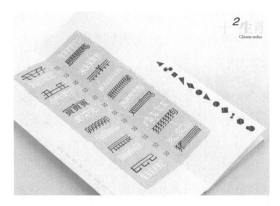

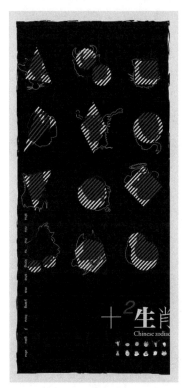
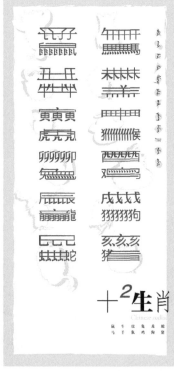
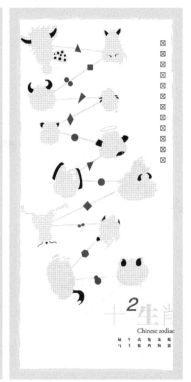

图 2-10　《十2生肖》内页

　　生肖也称"属相"，是中国和东亚地区的一些民族用来代表年份和人出生的年号，生肖的周期为 12 年，称为"纪年法"。《十2生肖》将中国传统十二生肖呈剪影形式展现，主要应用在书籍与书签中，书籍采用一个新的形式——旋风装与经折装的结合，书签则采用激光切割以突出生肖的特征。该设计选取了中国古代符咒的颜色——黄色、红色、白色与普蓝，且与符咒形式相结合。

　　在了解书籍内容以后，设计师要把握当前书籍的形态特征，提高书籍形态的可视性、可读性，处理好整体与各部分之间的关系，用理性和感性的思维方法来构筑合理的书籍系统。

　　书籍实际上是视觉艺术、印刷艺术、平面设计、编辑设计、工业设计、排版设计的综合艺术。在进行设计时要对书籍中的版面、色彩、文字、插图、扉页、护封、封面以及纸张、印刷、装订和材料进行总体的统筹编排，也就是从原稿到成书应做整体设计工作。当然，这是一个庞大而系统的工程，包括了多种多样的设计元素（图 2-11）。

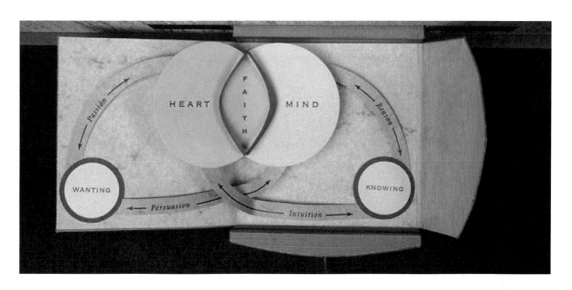

图 2-11　陈朱莉立体书籍

　　书籍装帧的整体设计包括两层含义：一是指注重书籍的所有构成要素的相互关系，它包括的设计元素有很多，如封面、扉页和插图设计就是其中的三大主体设计要素；二是指书籍装帧是一个整体而系统的设计活动，它更注重人们在翻阅书籍的过程中的感知。因此，在进行书籍装帧设计时要更注重对书籍形态的把握以及掌握读者在阅读过程中的节奏感。也就是说，在设计时应注重对书籍内容的理解以及读者在阅读过程时的感知优化，从而以书籍整体的设计作为媒介，增加作者与读者之间的互动感受（图2-12）。

 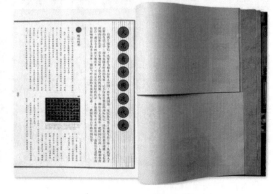

图2-12 《集物社》封面与内页

2.2.3 书籍装帧设计功能性与艺术性的统一

书籍装帧设计的功能可以分为实用功能和审美功能两个主要方面。其中，实用功能是书籍最基本的功能，主要包括载录书稿内容、传播信息和知识、促进销售以及保护书籍等方面。审美功能主要指书籍的美观性，也就是书籍在满足人们阅读的同时，可以采用丰富的艺术手段和艺术语言增加书籍外在的艺术感染力，通过对书籍的形态美、装饰美、图文美、材料美、工艺美的表现使书籍的形式与内容更加完美地结合，使阅读产生优美的联想，烘托阅读氛围，给予人美的享受，使书籍具有很高的欣赏价值与收藏价值（图 2-13）。

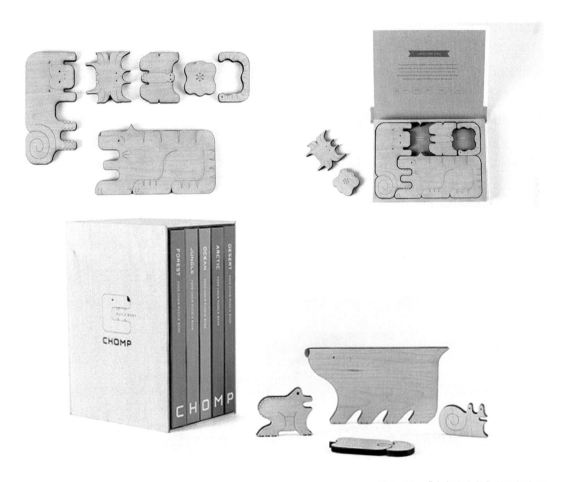

图 2-13 《大鱼吃小鱼》封面与内页

《大鱼吃小鱼》一书内置了一套动物拼图，既可以单独拆开进行摆放和装饰，又可以拼合在一起方便收纳。动物拼图与该书所讲的故事内容完美契合，读者在阅读的同时可以拿出角色拼图进行场景还原，这样的设计在具备功能性阅读的同时不失为一种带有收藏价值的艺术品。

艺术性是书籍装帧设计的灵魂。书籍装帧的艺术本质正是人类以"实践精神"掌握世界的方式，也是从"艺术生产"中所创造出的一种特殊形态。人的精神世界可以概括为智慧、意志、认识、情感等方面，艺术表达的是人类的情感，是人类情感对象化的显现形式。因此，书籍装帧艺术是以书籍为媒介，通过艺术形式表达设计师的情感，是酝酿书籍形态美的艺术。

书籍装帧的艺术性集中体现在书籍的形态美上。书籍是一种具有实在形体和内容的物质产品，是不同于其他纯艺术品的社会文化商品。书籍作为信息的载体，伴随着漫长的人类历史发展过程，在将知识传播给读者的同时，也带给他们美的享受。正因为人们读书、爱书、惜书、藏书，所以书籍的装帧设计会更有价值。读者从书中领悟作者深邃的思考、智慧的启示，感受生命的脉动，体验美好新奇的幻想，并且从书籍的装帧中体会情感的流露、视觉信息传达的规则以及图像文字的美感，从而享受到阅读的愉悦。

一部书的创造不仅属于作家，还包括编辑、艺术设计者、出版者、印刷装订者，甚至读者的共同参与，他们才是整体书籍形态的共同创造者。书籍艺术设计师要把握住书稿的内容，用以想象力为特征的创意表达来反映自己对书籍的理解，并把书稿内容以视觉形式表现出来，从而创造集实用与审美功能于一体的书籍。这也正是书籍装帧设计整体性原则的根本宗旨（图2-14）。

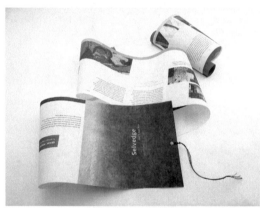

图2-14 《Selvedge》封面与内页

设计师在进行书籍装帧设计时，不仅要考虑设计层面的功能性与艺术性，还要注重当书籍作为商品时它的商业性和实用性。而书籍的市场价值潜力是由两方面构成的：一方面，价值因素是该出版物本身所固有的，如内容、作者的市场影响力等；而另一方面，市场价值潜力是附加的，很重要的一个因素就是书籍的装帧设计。在一些商业发达的国家和地区，印刷出版业往往也很发达，行业竞争十分激烈，这时书籍装帧也显得尤为重要，因为书籍装帧的好坏在一定程度上决定着销售的成败。

当前，大量图书出版物不断面市，书籍该如何顺应图书市场的发展，以新颖独特而又受大众喜闻乐见的面貌出现呢？

书籍设计师在设计实践中应更多地考虑市场的因素，注意"自我"意识不要过强，不要忽视读者。在设计实践中应加入个性化、品牌化的理念来增加书籍的附加值，特别是小型出版社不要盲目"跟风"，要进行具有个性特点的设计思考（图 2-15）。

图 2-15 《设计新潮》杂志封面

如今，随着科学技术的飞速发展，计算机辅助设计为当代设计行业带来了空前的便捷。近几年，计算机的迅速普及与市场经济的影响为设计带来了新思路，但同时也出现了一些弊病。有些设计师急功近利、心态浮躁，其书籍设计缺乏艺术品位追求，表现手段贫乏，整体设计的商业化色彩过于浓重，使书籍丧失其特有的文化品位。掌握两三个设计软件就可以很快进行设计的情况比比皆是，一些只重视经济利益，不重视艺术感染力，面目雷同、拼接生硬的设计，误导了人们的审美。虽然书籍的商业生命是短暂的，但文化与艺术的生命却是永恒的。书籍装帧设计是艺术与技术的合作，一个优秀的装帧设计就应该注重文化性和艺术性，只有文化艺术与技术统一才能产生好的设计作品（图2-16）。

图2-16　《西域考古图记》封面

　　吕敬人设计的《西域考古图记》的封面用残缺的文物图像磨切嵌贴，并压烫斯坦因探险西域的地形线路图；函套上加附敦煌曼陀罗阳刻木雕板；木匣本则用西方文具柜卷帘形式，门帘雕曼陀罗图像。整个形态富有浓厚的艺术情趣，有力地激起人们对西域文明的向往。由于设计师有着较好的艺术修养和绘画基础，所以能自如地表现其设计的趣味性，作品更能吸引读者，引起阅读欲望。

2.3　专题拓展：《brand^9 品牌第九卷》案例赏析

《brand^9 品牌第九卷》于 2018 年 7 月 28 日发行，该书尺寸为 230mm × 305mm，超大 16 开本，512 页全彩精装，中英双语出版（图 2–17 ～图 2–23）。

站在 21 世纪数字时代的最前沿，构想与探索现代设计的未来，这正是 brand^9 品牌的方向。《brand^9 品牌第九卷》是一本豪华的品牌视觉设计年鉴。此书采用真皮封面，封面没有进行任何设计，甚至没有一张图、一个字，只有非常耀眼的亮黄色，这样的设计可以让该书在保留简单、大方的特点同时，又增添了几分别致。

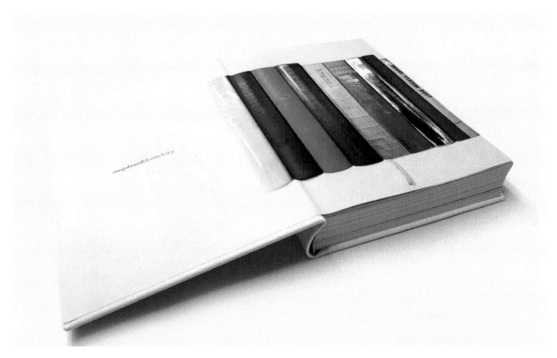

图 2–17　《brand^9 品牌第九卷》环衬

图 2–18　《brand^9 品牌第九卷》封面

图 2–19　《brand^9 品牌第九卷》书脊

　　《brand⁹品牌第九卷》前32页使用了特种纸，内页版面采用了不破不立的设计方法，虽然乍一看稍显"随性"，但其实也是有序可循的。

　　从2007年始创以来，brand⁹已经在全球拥有广泛的声誉，在60多个国家和地区发行，受众人群超过百万人次。一直以来，brand⁹坚持不断地创新，每一届都带给读者全新的阅读体验，brand⁹发掘并整合全球具有前瞻性的混合图像设计案例，以供读者思考和创想，并能有所收获。

图 2-20　《brand⁹品牌第九卷》内页 1

图 2-21　《brand⁹品牌第九卷》内页 2

图 2-22　《brand⁹品牌第九卷》内页 3

图 2-23　《brand⁹品牌第九卷》内页 4

2.4　思考练习

■　练习内容

1. 设计一本杂志封面。

2. 设计要求。

① 主题、书号、编著者名、出版社名自定，尺寸为大 32 开本 (141mm × 203mm)。

② 插图要符合主题内容，色彩热烈明快。

③ 杂志封面易于识别，设计符合市场定位，促进销售。

④ 局部和整体要统一风格，遵循可读性原则。

■　思考内容

1. 书籍装帧整体设计对设计师提出了哪些要求？

2. 书籍作为商品在货架销售陈列时，设计上需要考虑哪些因素？

3. 书籍装帧导入插图的目的有哪些？如何正确理解插图的从属性和独立性？

更多案例获取

第 3 章 书籍装帧设计的内容

内容关键词:

形态 构成元素 版式设计 网格 图形

教学目标:

● 掌握书籍结构形态由哪些要素组成,各自的设计规范有哪些

● 明白如何对全书版面进行整体控制

● 知悉图形、文字在书籍装帧版式设计中的应用规则

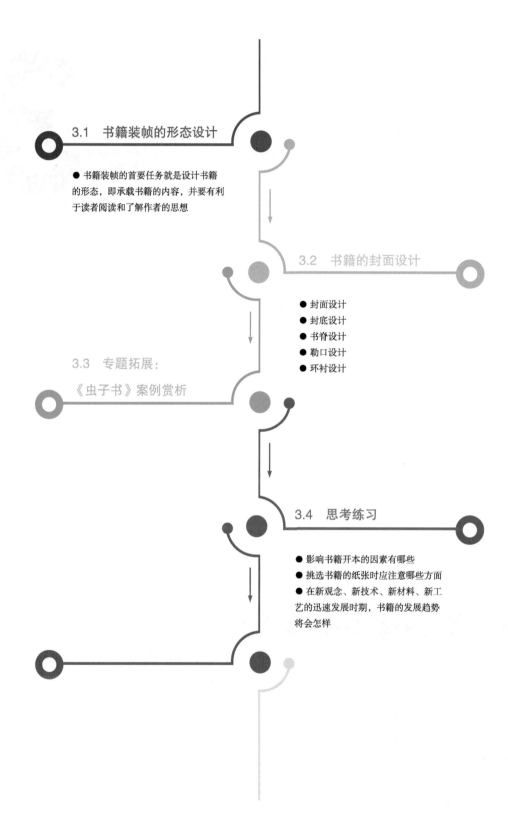

3.1　书籍装帧的形态设计

● 书籍装帧的首要任务就是设计书籍的形态，即承载书籍的内容，并要有利于读者阅读和了解作者的思想

3.2　书籍的封面设计

● 封面设计
● 封底设计
● 书脊设计
● 勒口设计
● 环衬设计

3.3　专题拓展：

《虫子书》案例赏析

3.4　思考练习

● 影响书籍开本的因素有哪些
● 挑选书籍的纸张时应注意哪些方面
● 在新观念、新技术、新材料、新工艺的迅速发展时期，书籍的发展趋势将会怎样

书籍装帧设计包括纸张、封面、开本、字体、图片、版式、装订制作与印刷等内容，其中封面、扉页、插图、版式是四大主体设计要素。

书籍的装帧形态受到书籍制作材料和制作方法的制约，它也会随着社会的经济状况和文化发展的需要而不断发生变化，书籍装帧设计要经过从调查研究到检查校对的设计程序。在设计书籍时，设计师需要先与作者或责任编辑进行沟通，以便了解书籍的内容实质以及一些相关的信息。并且通过自己的阅读和理解去加深对所要装帧对象的内容、性质、特点以及读者对象等方面的认识，在做出正确判断的同时解决开本大小、装订方式、用纸、材料和印刷工艺等问题。力求使设计方案在艺术美学追求上与书籍本身的文化形态内蕴相呼应，但同时也不能忽略消费者的心理需要（视觉生理和视觉心理）。

3.1 书籍装帧的形态设计

在人类历史的长河中，书籍的诞生首先是出于传播文化的阅读需要，书籍装帧的首要任务是设计书籍的形态，而书籍装帧的形态就是要承载书籍的内容，并要有利于读者阅读和了解作者的思想。中国古代书籍经历了从简策装到卷轴装、经折装、旋风装、蝴蝶装、包背装、线装的发展变化过程，西方书籍则是从泥版书、纸草书到羊皮书等，两者都是随着社会的发展越来利于实用的过程。书籍装帧的形态设计主要体现在书籍的外形以及封面和版式的形式结构上。当代书籍装帧的形态会更加注重创意，不但要充分表现书籍对文化的承载，更要注重书籍内容与形式的关系（图 3–1）。

图 3–1 《纸的故事》内页

书籍装帧的形态构成是再现构思立意的第一步，选择既能满足读者心理需要，同时又能够
达到舒适的感官享受的视觉形态语言是非常重要的，这也是书籍装帧设计最佳诉求的体现。主
题明确后，书籍的造型、版式布局和表现形式等则成为书籍设计艺术的核心，这是一个艰辛的
创作过程。怎样才能达到意新、形美、变化而又统一，并具有审美情趣的作品，这就取决于设
计师的文化素养（图3-2）。

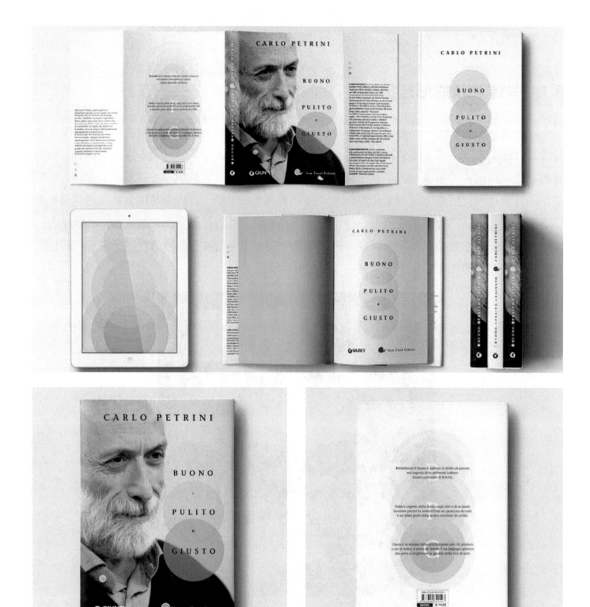

图3-2 《PUNTUALE》杂志封面

3.1.1　书籍装帧开本的选择与设计

　　开本是指一本书的大小，也就是书的面积。书籍的开本也是一种语言，作为最外在的形式，开本是一本书对读者传达的第一句话，恰当的设计能够带给人良好的第一印象，而且还能体现出这本书的实用目的和艺术个性。比如，小开本可能表现了设计师对读者衣袋、书包空间的体贴，大开本也许又能为读者收藏和赠礼增添几分高雅和气派。设计师的匠心不仅体现了书的个性，而且在不知不觉中引导着读者审美观念的多元化发展。

　　■　**开本的认识**　通常把一张按国家标准分切好的平板原纸称为全开纸，在以不浪费纸张、便于印刷和装订生产作业的前提下，把全开纸裁切成面积相等的若干小张，称为多少开数，将它们装订成册则称为多少开本。但是，万变不离其宗，"适应读者的需要"始终应是开本设计最重要的原则（图 3-3）。

图 3-3　《今昔物语》封面

　　■　**常用开本尺寸**　开本的选择范围较多，我国常用的普通单张印刷纸的尺寸是 787mm×1092mm 和 850mm×1168mm。通常将 787mm×1092mm 幅面的全张纸称为正度纸，850mm×1168mm 幅面的则称为"大度纸"，全开纸切成常见的开本有大 32 开、小 32 开、16 开、8 开、4 开，还有各种各样的开本。开本按照尺寸的大小通常分三种类型：大型开本、中型开本和小型开本。以 787mm×1092mm 的纸来说，12 开以上为大型开本，适用于图表较多、篇幅较大的厚部头著作或期刊；16 开、36 开为中型开本，属于一般开本，适用范围较广，各类书籍均可应用，其中以文字为主的书籍一般为中型开本；40 开以下为小型开本，适用于手册、工具书、通俗读物等。开本形状除 6 开、12 开、20 开、24 开、40 开近似正方形外，其余均为比例不等的长方形，分别适用于性质和用途不同的各类书籍（图 3-4、图 3-5）。

开本：200mm×270mm
页码：694 页
装订：无线胶装 / 书盒精装

图 3-4　《AGI New Members 2007 ~ 2017》封面

图 3-5　《文字设计在中国》封面与内页

　　《文字设计在中国》一书三册，共 684 页，尺寸为 130mm×170mm。

　　此书搜罗了超过 400 件优秀设计作品。全书分为三个部分："文字设计在中国"邀请展、中国近现代字体应用文献展，以及"超语境"国际文字设计论坛。本书装帧考究，纸张选材精美，中英双语对照。

　　全套书籍设计由南京新锐青年设计师潘焰荣操刀。汇聚当代全球文字设计佳作、中国近现代字体应用文献与"超语境"国际文字设计论坛实录，打破文化和语言的界限，开启文字世界的全景，共同探究文字设计与应用、发展趋势与未来可能，具有划时代的历史意义。

■ **开本的选择**　开本的选择多种多样，如经典著作、理论书籍一般选用较大开本；给人以庄重感的科技类图书、教材，以及一般的画册、图片集等，大多采用大开本，这样便于画面的充分显示和效果的突出；儿童读物则会根据儿童的生理和心理特点采用较小的开本。还可根据书籍的应用场所进行开本选择，例如文献资料、古典名著等需要长期陈列的书籍一般选择的开本大一些，而常用的、随身携带的书籍则采用较小一些的开本。再如，为了人们使用方便，将一些菜谱类的书籍制作成挂历的形式，这样读者可以将其挂在厨房，边看书边操作，既方便又实用。现在在日本很流行的口袋书，是设计师为等待地铁的人们设计的，它的形状袖珍，可以装进口袋里，方便人们外出携带。

（1）根据书籍的具体内容来进行开本选择。书籍的开本在设计的过程中要考虑到书籍的具体内容，例如儿童书籍在阅读时可能会产生安全问题，设计时书的四角不要太过锐利，所以如今大量儿童书籍的四角都被处理成圆角。长宽差距较小的开本尺寸更适合儿童阅读。现今书籍内容的分类越来越丰富多样，许多不规则的书籍形状也不断问世，如椭圆形、心形、梯形、葫芦形、仿汽车形、仿钟表形等，这些形态各异的图书迎合了大量读者的好奇心，取得了不错的销量。设计师用巧妙的构思实现了书籍形态与书籍内容的统一（图 3-6）。

图 3-6　《车轮转呀转》系列儿童绘本

（2）根据读者的特点进行开本选择。书籍开本设计的一个重要原则就是方便阅读，大小、宽窄适度的开本设计可以给读者提供方便，带来阅读时的愉悦感。开本设计与人体机能有着密切的关系，如根据儿童活泼、可爱的特点把开本设计成丰富的异形开本。根据儿童的认知特点，书籍形态的整体造型应该是富于变化的，无论是外部尺寸、装订方式还是整体造型都应该以儿童为中心。例如，幼儿的臂力小，协调能力差，因此在设计书籍时不宜采用较大的开本，而且不要让书本太宽，这样儿童阅读时就不会太费力。另外还要控制书籍的内容，过长、过厚的书籍都会给儿童造成阅读负担，应该把厚度控制在合适范围内（图3-7）。

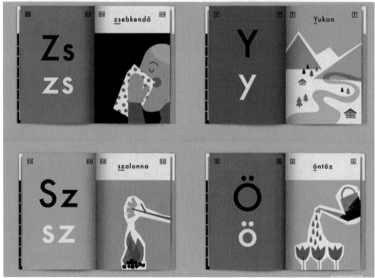

图3-7　《匈牙利欢乐童书》内页

■ **开本长宽比例的设计** 只有确定了开本的大小，才能根据设计的意图确定封面的构思、版面、版心和插图，分别进行设计。独特新颖的开本设计必然会给读者带来强烈的视觉冲击力，从而带来商业竞争价值。书籍的高与宽已经初步确定了书的性格。书籍设计大师吴勇说："开本的宽窄可以表达不同的情绪。窄开本的书显得俏，宽开本给人驰骋纵横之感，标准化的开本则显得四平八稳。"设计师要考虑书籍的性质和内容，来设计开本的长宽比例。

（1）诗集一般采用狭长的小开本。一方面，因为诗的形式是行短而转行多，读者在横向上的阅读时间短；另一方面，使用窄开本印刷诗集还可以减少纸张的浪费，降低成本（图 3-8）。

（2）辞海、百科全书等有大量篇幅的书籍，往往分成双栏或三栏，需要较大的开本。字典、手册之类的工具类书籍开本较小，一般选择 32 开左右的开本（图 3-9）。

图 3-8 《梦莲诗话》封面

图 3-9 《交集词典》封面

（3）经典著作、理论书籍和高等学校的教材篇幅较大，一般采用大 32 开或面积近似的开本较为合适。青少年读物一般是有插图的，可以选择偏大一点的开本；儿童读物因为有图有文，图形大小不一，文字也不固定，因此可选用大一些的接近正方形或者扁方形的开本，特别是绘画本读物选用 16 开，甚至是大 16 开，图文并茂，适合儿童的阅读习惯（图 3-10）。

（4）画册是以图版为主的，先看画，后看字。有 6 开、8 开、12 开、大 16 开等尺寸，小型画册宜用 24 开、40 开等。由于画册中的图版有横有竖，常常互相交替，可采用近似正方形的开本，优点是经济实用。画册中的大开本设计，视觉上丰满大气，适合作为典藏及礼品书籍，有收藏价值，但需考虑到成本（图 3-11）。

图 3-10 《kids Go》封面

图 3-11 Chefatwork 食品画册封面

■ **纸张的切开方式**　在面向读者的基础上，开本设计丰富多样，不同的要求只能通过纸张的开切来解决。纸张的开切方法大致可分为几何开切法、非几何开切法和特殊开切法（图3–12、图3–13）。

（1）最常见的几何开切法是以 2、4、8、16、32、64、128……的几何级数来开切的，这是一种合理、规范的开切法，纸张利用率高，并且能用机器进行折页，印刷和装订都很方便。

（2）直线开切法的纸张有纵向和横向直线开切，不浪费纸张，开本的形式也很丰富。

（3）纵横混合开切纸张的纵向和横向不能沿直线开切，开下的纸页分纵向和横向，不利于技术操作和印刷，易剩下纸边造成浪费。

对开	4 开	6 开	8 开	12 开
726×533	381×533	356×381	267×381	251×260
16 开/大 16 开	**18 开**	**20 开**	**23 开**	**24 开**
191×266/231×291	175×251	186×260	152×255	175×186
25 开	**28 开**	**32 开/大 32 开**	**38 开**	**40 开**
152×210	151×186	133×190/143×209	127×173	132×151
42 开	**48 开**	**50 开**	**64 开**	
106×173	94×173	103×149	95×133	

图 3-12　开本数值（单位：mm）

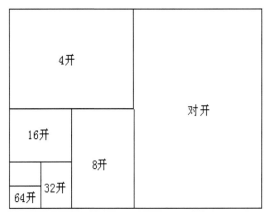

图 3-13　开本对比

3.1.2 现代书籍常用的装订

书籍装订工艺是从印张到加工成册的工艺的总称。装订质量优劣直接影响所装书籍的阅读、保存和装帧艺术效果，装订周期长短是影响书籍印制周期长短的主要原因之一。

依装订方法和形式的不同，可分为平装、精装两大类。装订虽然是书籍成品的最后一道工序，也应在整体设计之前预计好采用哪种装订形式，这样才能为后期的设计提供准确的方案。装订的形式主要有两方面：一是外观形式，由封面的制作形式体现；二是内部形式，由内页的订口装订方法体现。

书籍装帧设计是指从书籍文稿到成书出版的整个设计过程，也是完成从书籍形式的平面化到立体化的过程，它包含艺术思维、构思创意和技术手法的系统设计。例如书籍的开本、装帧形式、封面、腰封、字体、版面、色彩、插图，以及纸张材料、印刷、装订及工艺等各个环节的艺术设计。在书籍装帧设计中，只有从事整体设计的才能称之为装帧设计或整体设计，只完成封面或版式等部分设计的，只能称作封面设计或版式设计等（图3-14）。

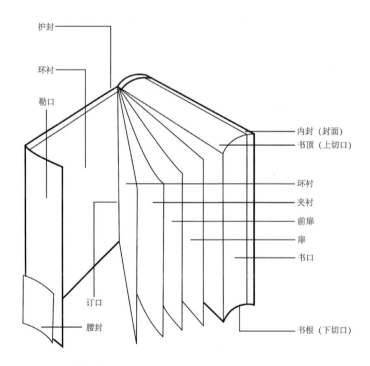

图3-14 书籍装帧工艺

■　**平装**　平装又称简装,是总结了包背装和线装的优点后进行改革的一种常用书籍装帧形式。主要工艺包括折页、配页、订本、包封面和切光书边。一般采用纸质封面。平装方法简单,成本低廉,适用于篇幅少,印数大的书籍。

平装书籍的装订工艺有平订、骑马订、锁线订和无线装订四种装订形式,并采用多种开本尺寸。不难看出,平装书籍在结构上基本沿用了传统书籍的主要特点,由书皮和书页两大部分构成书籍的基本形式,外形上像包背装,但是在内文书页上采用的是单页双面印刷的形式,并且在装订上采用了蜡线或铁丝线,使书页固定得更加牢固,不易散乱(图 3-15)。

图 3-15　《民国往事》封面与内页

全书详细叙述了民国时期文化、社会的发展和重点历史人物的悲欢离合,再现了一个真实而多彩的民国时代。配上珍惜而精美的图片,让民国时代的韵味更足。书中配有大量珍贵的民国时期的照片,真实地还原那个纷扰的时代。该书开本小,轻型纸印刷,轻巧便携;双色插图,装帧精美,版式清新活泼,给读者带来超值的阅读享受。

■ **精装** 精装书是书的另一种装订方式，是以硬纸板、漆布、胶化纸加烫印、丝漏等印刷工艺做成书壳，并采用压脊、压槽等方法精制而成，故称精装。根据工艺精度还有特精装或豪华本。相对于平装书籍来说，精装书籍与它的区别主要是在书籍的外包装上，书芯装法几乎没有什么显著区别。精装书籍的目的是用精美的材料增加书籍的美观程度，并给书籍做一个较为坚固的封面保护。基于这两个目的，精装书籍比平装书籍的装订方法更为繁杂，封面和函套等用料讲究，因此，精装书籍的制作成本相对较高，具有极高的收藏价值，多用于使用价值较大、流传较广的经典著作以及各种收藏版本、礼品版本的书籍（图3-16）。

图3-16 《观山海》封面与内页

（1）精装书的封面。精装书的书籍封面可运用不同的物料和印刷制作方法，以达到不同的格调和效果。精装书的封面面料很多，除纸张外还有各种纺织物、人造革、皮革和木质等材料。

① 硬封面是把纸张、织物等材料裱糊在硬纸板上制成的，适用于放在桌上阅读的大型和中型开本的书籍（图3-17）。

② 软封面是用有韧性的牛皮纸、白板纸或薄纸板代替硬纸板，轻柔的封面使人有舒适感，适用于便于携带的中型本和袖珍本，例如字典、工具书和文艺书籍等。

图 3-17　《Art Studio Agrafka》封面与内页

《Art Studio Agrafka》一书的设计师为罗曼·罗曼尼申和安德里·莱西夫，此书的装帧方式采用精装，荣获 2019 年"世界最美的书"铜奖。

（2）精装书的书脊

① 圆脊。圆脊是精装书常见的形式，其脊面呈月牙状，一般用牛皮纸或白板纸做书脊的里衬，有柔软、饱满和典雅的感觉。书芯的翻口处与书脊的凸圆形相呼应，呈凹圆形，所以较厚的图书采用圆脊较好。圆脊又可分为圆背无脊和圆背有脊两种。

② 平脊。平脊多采用硬纸板做护封的里衬，封面大多为硬封面，整个书籍的形状平整、朴实、挺拔、有现代感，但厚本书（约超过 25mm）在使用一段时间后书口部分有隆起的危险，有损美观（图 3-18）。

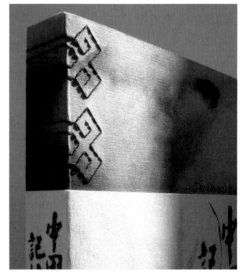

图 3-18　《中国记忆》封面

3.2　书籍的封面设计

随着市场经济的快速发展和阅读方式的变化，市场竞争成为一种必然趋势，为了提高书籍的市场竞争力，封面设计开始受到极大的重视。封面设计是书籍成形的关键一步，也是决定书籍外观形态是否美观的重要因素，它在书籍整个艺术格调中应最优先考虑。书籍的封面设计是在有限的方寸之地中表现出书稿中最精粹的一角，犹如聚光灯的照射，同时又使人联想到广阔的人生平台。书籍作为一个客观的物体，它不只是内容的外壳，更是内容的组成部分，两者关系是互相依赖的。由于书籍的内容和体裁各不相同，加上设计师本身的风格特色，这就形成了不同性质书籍的不同面貌。封面设计既要符合书籍的内容和体裁，又需具有独特的构思和风格。它是向读者传递信息时最主要的展示面，要求传递的内容准确无误；书名、著（译）作者姓名、出版机构名称都要出现在它应该出现的位置。为了突出主题，设计师往往以鲜明而富有变化的字体色彩、装饰图案和多样的艺术手法来展示书稿的内容与体裁的风格，有时在经典作品的封面设计中，前后封所用的材料极为考究，其最终目的是为了整体的装帧效果。

3.2.1　封面设计

封面也称书面、封皮、护封等，指书的正面部分，其中包括书名、著(译)作者姓名、出版机构名称，以及与图书内容相关的图片和文字等。通常封面设计连同书脊、封底、勒口、环衬等部分同时完成。

封面设计通常被界定在固定的版面中，是一种介于创作与商业的艺术设计。无论哪种类型的书籍，它的封面都属于产品的包装，必须具备宣传产品的功能。因此，在设计书籍封面时要突显其特点。每本书都被数以百计的类似书籍包围，好的设计能吸引读者的注意，并能迅速而清晰地告诉读者本书的内涵。优秀的封面设计并不在于怪异的字体和复杂的版面，而是以恰当的方式向读者传递恰当的信息（图3-19）。

3.2.2　封底设计

封底也称作底封、封四，是书籍的最后一面。封底上包含出版机构的标志、书籍条形码、书号、定价、提要、说明和作者介绍等内容。

封底是封面和书脊的视觉延续，经常采用与封面对应的自然法则，它在设计上要有一个整体的设计构思，进行统一的规划和布局。其主要作用是传递信息和保护内页，随着对书籍整体设计观念的不断加强，书籍在封底设计上有了很大改变，并受到了设计师的重视。设计是平面的，而书籍是立体的，封底在注重完美的版面设计的同时，还要注重它与封面风格的呼应，要保持统一的整体风格。封底不宜设计太过复杂的效果，设计要层次分明，装饰的元素要简练，保证视觉感受的舒适。封面和封底的设计要相互配合，以求平衡之道（图3-19）。

图 3-19　《曼巴精神：科比自传》封面与封底

　　本书由科比·布莱恩特亲笔撰写，是唯一官方认证的科比传记。中文版与英文版全球同步上市。成品尺寸为210mm×285mm，装订形式为硬精装 / 双封 / 方脊；印制工艺为四色 / 专色 /UV。

3.2.3 书脊设计

书脊也称作封脊、书背，即封面和封底的连接处。书脊是书籍成为立体形态的部位。书脊上一般印有书名、著（译）作者姓名、出版机构名称等内容。

当今书籍市场的开放、出版、发行和营销形式发生了变化，特别是书店的销售形式、展示方式与以往大不相同。书籍摆放在书架上时，只有书脊才能展示在读者面前，特别是相同题材、书名的书籍越来越多，展示环节竞争的激烈程度不言而喻。可见，书脊的设计除了具有艺术装饰功能以外，更多的是具有实用功能，这种实用功能体现在便于读者在众多的书籍中查阅。

中国的书脊设计通常是以由上至下的顺序排列文字。书脊是细长的方寸之地，要利用它的特征发挥设计的力量。设计要素要求布局合理，符合艺术的造型特征，根据书脊的宽窄构思精美有趣的设计形式。书脊设计应与封面、封底联系起来构思，进行相互呼应、联系。书脊的设计要注意避免凌乱，应该具有明显的规律和可识别性。强调书脊设计，最终还是要通过视觉传达才能展示效果，这是书脊设计的重点，也是营销的要求。具体要做到布局独特、个性突出、视觉冲击力强，能够在众多的书籍中脱颖而出。

书脊设计除了一些基本规律外应该多尝试创新性设计，如在书脊上做模切工艺。为方便检索，书名的字号和字体应都较为突出，或是在印刷工艺上采用突出的色彩。文字的布局要集中主体，呼应客体，增强信息的凝聚力，要满足读者的阅读和视觉舒适度（图 3-20）。

图 3-20 《盛唐入画》札记册封面

3.2.4　勒口设计

　　勒口又称折口，是指书的封面和封底的书口处再延长若干厘米，向书内折叠的部分，前者称前勒口，后者称后勒口，书籍的勒口可宽可窄，但其宽度一般不少于 30mm。

　　勒口是护封连接内封的一个必要过渡，作用是用以增加封面、封底外切口的厚度，以使幅面平整，并且保护书芯和书角。勒口设计一般与封面、封底同时进行，和封底一样，要同封面设计一同构思，统一规划和布局，以使各部分和谐统一。随着功能和美观要求的增多，勒口的宽度从小逐步变大，是补充和宣传书籍的有利空间，应该很好地利用。也可以在勒口上设计一些文字或图形。勒口可以安排作者介绍、内容提要、名人名言、名家点评、出版信息、设计特色以及装饰图形等（图 3–21、图 3–22）。

图 3–21　《临别清单》封面与封底

图 3–22　《伊文思传》封面与封底

3.2.5　环衬设计

环衬是封面后，封底前的空白页，是连接书芯和封皮的衬纸。它一面粘贴在书芯的订口，一面粘贴在封面的背后，这张纸被称为环衬页，也叫作蝴蝶页。

书芯前的环衬页叫作前环衬，在书芯后的环衬页叫作后环衬。环衬页把书芯和封面连接起来，使书籍具有较大的牢固性，而且还有保护书籍的功能，使封面和内页不易脏损。它们起着由封面到扉页，由正文到封底的过渡作用，是书籍的序幕与尾声。环衬页的设计往往要求简约、轻巧、雅致，与封面相比，它的美是以含蓄取胜。

环衬与封面之间构成"虚实相生"的对比关系。环衬所用的纸张往往与正文及封面不同，它一般选用白色或淡雅的有色纸，在封面和书芯之间起视觉缓冲的过渡作用。一般上面没有文字、图片等内容，即使有也是为了烘托书籍整体氛围，传递信息是次要的作用。可采用抽象的肌理效果图案来表现，但色彩要相对淡雅些。图形的对比相对弱一些，应与护封、封面、扉页、正文等的设计风格相协调，并具有节奏感。对于一般的书籍来说，前环衬和后环衬的设计是相同的，即两者画面的信息与色彩都是一样的，环衬的简约风格可以使读者在阅读的过程中从视觉上带来轻松与美的享受。

环衬是精装本和锁线订中不可缺少的部分。有一定厚度的平装本书籍也应考虑采用环衬，因为它能使封面不起皱，保持封面的平整。设计师可根据书籍内容的需要对环衬进行整体的装饰设计（图 3-23）。

图 3-23　《独陪明月看荷花》环衬

3.3 专题拓展：《虫子书》案例赏析

《虫子书》是著名设计师朱赢椿继《虫子旁》之后，虫子系列的又一心血之作（图 3-24 ~ 图 3-29）。经作者数年酝酿，其间几度推翻既有方案从头开始，可谓他数年来与工作室的各色昆虫、小动物朝夕相处的结晶。崇尚慢生活的朱赢椿在小动物身上得到无数灵感，创作出《蚁呓》《蜗牛慢吞吞》等广受欢迎的作品。

图 3-24 《虫子书》封面

图 3-25 《虫子书》细节

图 3-26 《虫子书》内文 1

　　《虫子书》的主角依然是虫子，但全书无一汉字，不是一部"有关"虫子的作品，而是虫子们自己创作的神奇作品，所有图形完全是虫子在叶子上啃咬和在纸张上爬行之后留下的痕迹。作者通过细致地观察、收集与处理，使虫子们的一幅幅形态各异的"作品"具有了书法与文本的气韵，妙趣天成，一本"虫子书"横空出世。黑、白与浅驼色的沉稳搭配以及整洁利落的装订使整本书十分素雅端庄。封面用纸是一款全新的创意性环保纸张，染色颜料采用食品废料马铃薯淀粉中的球状颗粒制成，磨砂表面极富质感，并可回收再生，与本书的气息吻合。

　　《虫子书》荣获 2017 年"世界最美的书"银奖，已于 2016 年 9 月被大英图书馆永久收藏，并引起国际出版界的关注 。《虫子书》由朱赢椿及其助手皇甫珊珊设计，朱赢椿通过长达 5 年的观察，积累了其工作室"随园书坊"内外各色虫子的爬行及其在叶片、墙壁等处的啃咬痕迹，经过处理，形成一幅幅形态各异的作品。

图 3-27　《虫子书》内文 2

图 3-28　《虫子书》内文 3

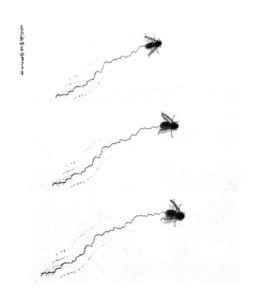

图 3-29　《虫子书》内文 4

3.4 思考练习

■ 练习内容

1. 设计一本文学书刊。

2. 设计要求。

① 书名、内容自定，封面和封底尺寸为宽 140mm，高 270mm，其余部分宽度自定。

② 护封的设计内容包含封面、书脊、封底和前后勒口。

③ 封面具有视觉冲击力和艺术表现力，色彩协调。

④ 书刊名称主题明确、贴切、吻合书籍内容。

⑤ 注意各版面之间的协调美观。

■ 思考内容

1. 影响书籍开本的因素有哪些？

2. 挑选书籍的纸张时应注意哪些方面？

3. 在新观念、新技术、新材料、新工艺的迅速发展时期，书籍的发展趋势将会怎样？

更多案例获取

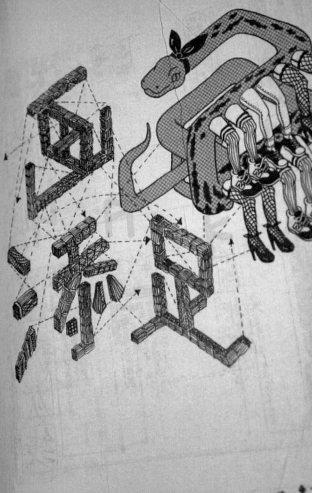

书籍装帧

4

第 4 章　书籍装帧的版式设计

教学关键词：

文字　色彩　图形　网格　版式设计　基本原则　基本模式

教学目标：

● 了解影响版式设计的主要因素

● 掌握版式设计的基本版面类型

● 学会将版式设计运用到实际的创作当中

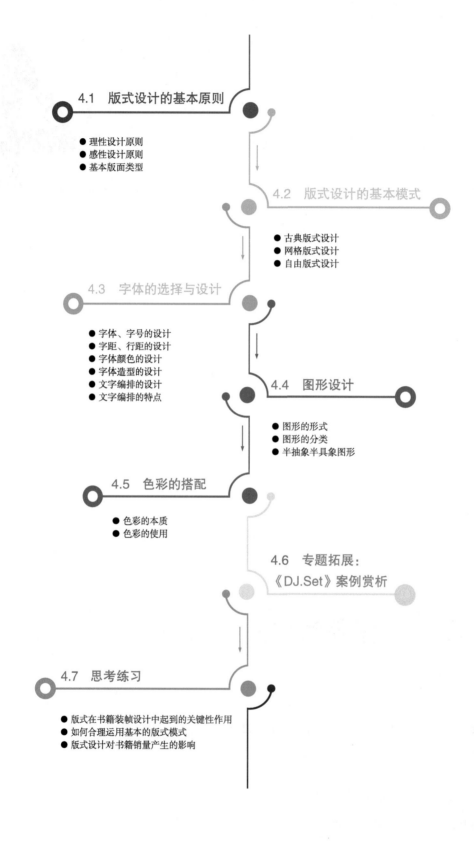

4.1　版式设计的基本原则

● 理性设计原则
● 感性设计原则
● 基本版面类型

4.2　版式设计的基本模式

● 古典版式设计
● 网格版式设计
● 自由版式设计

4.3　字体的选择与设计

● 字体、字号的设计
● 字距、行距的设计
● 字体颜色的设计
● 字体造型的设计
● 文字编排的设计
● 文字编排的特点

4.4　图形设计

● 图形的形式
● 图形的分类
● 半抽象半具象图形

4.5　色彩的搭配

● 色彩的本质
● 色彩的使用

4.6　专题拓展：
《DJ.Set》案例赏析

4.7　思考练习

● 版式在书籍装帧设计中起到的关键性作用
● 如何合理运用基本的版式模式
● 版式设计对书籍销量产生的影响

版式设计是书籍装帧设计的重要内容之一，即对图书内文的版心、字体、字号、题头、尾花等的编排设计，个性化地传递书籍思想。书籍是包容文字和图片的产品，在书籍装帧设计中，文字和图片处理好了，会比具体形象的冲击力更为强烈。

版式设计中空间、文字、插图三要素的有机安排是版面形态有效与无效的关键所在。以文字为基本语言，文字与图像经由设计师的处理，形成新的形态语言。版式设计不仅应该具备充分地反映某本图书内容的能力，而且应该反映其内在气质，愉悦读者。追求版式的个性美，使此书最大程度地区别于其他书本，是版式设计的目的所在。版式设计还要具有鲜明的时代特色，但顺应潮流不等于埋藏个性，盲目地追求潮流的结果只会埋没自己的设计艺术风格，使设计变成一种单纯的罗列，从而变得平庸。

优秀的版式设计不仅有利于阅读，版面的艺术处理与书籍内涵有机的结合，还可以增加书籍的美感，让读者感到清新舒畅。因此，设计师在进行书籍装帧版式设计时，应严格遵循书籍装帧和版式设计的原则进行个性化设计，以增强书籍的文化性、艺术性和观赏性。

4.1 版式设计的基本原则

版式设计是学习书籍装帧设计的重要环节，也是平面设计中比较常用的一种视觉表达方式。它对书籍各内容要素进行视觉上的组合排列，将书籍思想以个性化的艺术方式呈现出来，因而在进行版式设计时，需要注重设计的个性化。

书籍装帧设计是随着时代发展而变化的，书籍版式设计也应顺应时代发展趋势，符合时代要求。所以，今天的版式设计应具有鲜明时代特征和兼具个性化特点。需注意的是，版式设计不能因盲目追逐潮流而忽视书籍的独特性。

4.1.1 理性设计原则

书籍的版式应该遵循实用性、规范性、系统性、有序性等理性设计原则。它以视觉的阅读规律为依据，将版式设计的功能需要放在第一位。无论书籍装帧设计如何，归根结底，书籍基本且主要的功能就是传递知识和思想，是为读者提供阅读服务的，因而脱离理性设计原则的书籍装帧设计是没有意义的。

版式的理性设计原则又被称为技术性原则，它研究的是版式的科学性和逻辑性。例如，合理使用字体、字号使版式设计看起来舒服，文字和图片的排列应适应视觉需要等阅读规范。设计师应充分考虑书籍装帧的理性设计原则，满足不同层次读者或者特定读者群体的阅读需求。

4.1.2 感性设计原则

版式设计的主要目的是满足读者获取知识、视觉享受、发挥想象力等各方面的感情和精神需求，帮助读者与书籍进行交流，因而情感版式设计也成为书籍装帧的一个应用方向。

书籍装帧的感性设计原则又被称为艺术设计原则，优秀的书籍传承至今，离不开其艺术魅力，艺术性是书籍得以传承的主要因素之一。版式设计看似简单，实际上却要表达丰富的艺术内涵。设计师不可小看版式设计中的一个点、一条线、一段文字、几处空白的使用，这些都可以表现版式设计的意味。

感性是一种可以感知的"情感符号"。成功的版式设计之所以可以触动人心，关键是在版式设计中通过"情感符号"的运用，注入了设计师的情感。这种情感并不是单薄的，是设计师通过自己的匠心，将视觉要素转化为与读者共有的情感体验，让读者在回味无穷的艺术氛围中浏览书的内容。感性设计原则为设计师提供了更多选择的可能，它使书籍以个性化的艺术形式呈现给读者，既提升了书籍的文化内涵，提高了读者阅读品质，又增强了书籍的艺术性。

■ **留白艺术** 留白是书籍装帧感性设计原则中的重要表现形式。版式设计中的"白"是指版面上文、图之外的空白处，"黑"指版面上文、图的实体。"白"不一定就是白色或者是空白无物的空洞空间，它可以是黑色或其他任何颜色，也可以是图形，它只起着空间的陪衬与烘托的作用，而在版式设计中，很多设计师都会把重点放在"黑"的设计上，却容易忽视"白"的设计（图 4-1）。

作为版式设计不可缺少的一部分，留白在调节版面虚实、黑白的同时，还能够提升作品的传达效果，从而使观者产生视觉上的美感。换言之，版式设计的根本目的就是通过条理清晰的版面来吸引观者，并向其有效地传达主题内容。而留白是利用"艺术"预留空间，缓解观者心灵压力；是利用"艺术"突出主题，为观者梳理思路；是利用"艺术"塑造意象，给观者更多想象空间。

版式设计作为视觉传达的手段，不但要向观者传递信息，更要营造一种氛围，使观者能够融入其中，感同身受。同时，还要留出一定的空间，使观者在阅读、观看时能进行思考与回味，而这种氛围需要通过留白来实现。

图 4-1 留白

■ **多维空间** 在科技快速发展的今天，人们对书籍的审美需求日益增长，设计师应在版式设计空间中运用新型技术，以丰富其整体的观赏性。诸多书籍已从二维设计转向三维，甚至是四维设计。例如在设计中构建一些立体效果或感观设计，将各种元素融入其中，从而使整个书籍版面更有生命力和时代性。

4.1.3 基本版面类型

■ **满版型** 满版型是使用图片对版面进行填充，以图像为主要设计对象，而文字布置于图像中部、上下或左右位置。满版型的版式设计视觉冲击力强，且内容呈现舒展，是广告设计中比较常用的版式设计类型（图 4-2）。

■ **骨骼型** 骨骼型是按照骨骼比例对书籍中文字和图片进行排列组合，这种版面分割方式相对规范且理性。骨骼划分比例按照横竖向可分为横向通栏、双栏、三栏和四栏，竖向通栏、双栏、三栏和四栏。骨骼型版面类型能给人以严谨、条理清晰的视觉感受，又不失活泼（图 4-3）。

■ **左右分割型** 左右分割型顾名思义是将整个版面进行左右划分，文字可放置于左右两边。然而，这种版面类型需调整修饰版面细节，如将文字左右交叠放置或者虚化版面左右版块之间的分割线，进而弱化左右两个部分的对比，否则会使版面看起来左右不均匀，影响版面视觉舒适性（图 4-4）。

■ **上下分割型** 上下分割型与左右分割型类似，也是将版面分割为两部分，不过是以上下的方式进行版面划分。这种版面分割类型没有左右分割型的缺点，图文排列没有那么多的局限性，文字可以上下放置，图片可单张或多张排列。上下分割型版面类型的视觉效果也比较多元化，既可以是理性的，也可以是感性的，还可以是活泼的。

■ **其他** 此外，还有其他一些版面类型，如曲线型看起来具有节奏性和韵律感；对称型看起来理性且庄重；中心型能有效地突出核心内容；中轴型富有静态感；倾斜型和三角型动感十足；自由型则比较轻快，设计师应结合具体书籍内容以及想要传达的视觉效果选择合适的版面类型。

图 4-2　满版型版面

图 4-3　骨骼型版面

图 4-4　分割型版面

4.2　版式设计的基本模式

当各种视觉元素出现在同一平面时，在人的视线中就会构成一个版式，平面是版式设计的载体。版式设计就是将不同的基本图形按照一定的规则在平面上组合成图案，它主要是在二维空间范围之内以轮廓线划分图与地之间的界限，描绘形象。

书籍版式设计的设计形式主要有三种：古典版式设计、网格版式设计、自由版式设计。

4.2.1　古典版式设计

古典版式设计是 500 多年前以德国人谷登堡为代表的一些欧洲图书设计艺术家所确立的版式设计形式，具有典雅、均衡的特色，一直沿用至今。这种设计形式的特点是：以订口为轴心左右对称，字距、行距具有统一尺寸标准，天头、地脚、订口、翻口均按照一定的比例关系组成一个保护框。文字油墨的深浅和版心内所嵌图片的黑白关系都有严格的标准（图 4-5）。

图 4-5　古典版式

4.2.2 网格版式设计

网格设计于 20 世纪 30 年代起源于瑞士。这是运用固定的格子设计版面的方法：把版心的高和宽分为通栏、双栏、三栏以至更多的栏，由此规定一定的标准尺寸；运用这个标准尺寸控制和安排文章、标题和图片，使版面形成有节奏的组合，未印刷部分成为被印刷部分的背景。网格设计运用对称、均衡、分割、水平等艺术规律达到理想的设计效果。网格设计风格的形成离不开建筑艺术的深刻影响，它运用数学的比例关系，具有紧密连贯、结构严谨等特点。如果只考虑网格的结构而忽略了灵活的应用，那么网格将成为一种约束物，导致布局呆板。因此，在现代设计中创造性地应用网格设计尤为重要。

■ **对称** 对称式版面有对角对称和上下对称两种形式。对角对称就是利用版面四个角的对应关系来进行对称，即使"上左"和"下右"、"上右"和"下左"分别或同时对称，以求得版面的均衡。对称法则不仅应用在书籍装帧设计上，人们的生活中也处处体现着对称，例如建筑、园林、服饰等。

从科学和逻辑的角度看，对称具有近乎完美的合理性，例如在书籍的封面运用对称性原则，可以体现书籍的专业性、经典性。但是对称也有缺点，过分追求对称容易给读者产生呆板、平庸、平淡等感觉。对称的优点与缺点完全取决于书籍类型和设计效果的需要以及设计师合理的运用。

■ **均衡** 均衡是指文字、图形、色彩的视觉分量以相对平均的布局形式摆放。均衡的设计方法可以营造一种平稳的视觉氛围，表现出稳重而坦然的风格。这种设计布局看似简单，但是如果运用合理，会产生奇妙的视觉效果（图 4-6）。

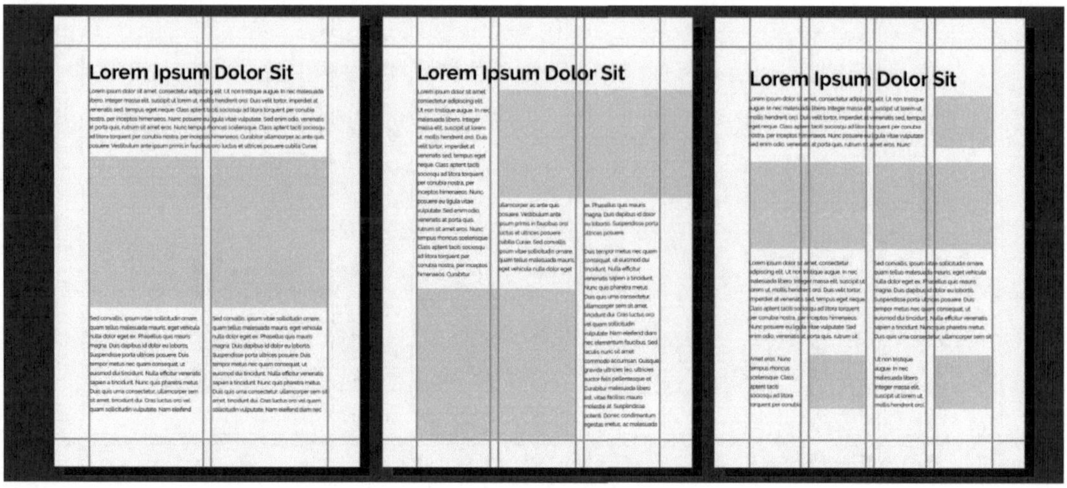

图 4-6 网格版式设计

■ **分割** 分割是将一个完整的版面依据要求划分成若干块，将每一块版面的位置重新安排。"黄金分割"的排版形式在设计中常常被运用，它是指将整体一分为二，较大部分与整体部分的比值等于较小部分与较大部分的比值，其比值约为 0.618。这个比例被公认为是最能引起美感的比例，它已经成为一种衡量视觉美的标准。"黄金分割"的排版形式是一种公认有效的排版方法，但是设计师不能刻板地去做，仍然要依靠视觉感官来灵活运用。分割设计的目的在于为内容要素合理安排位置，使主题更加突出，最终使版式趋于完美（图 4-7）。

■ **水平** 水平的主要特征是大部分采用长栏题，短栏题用得较少；标题比较简化，一般以一行题居多，多层标题用得较少；文不是一栏垂直排到底，而是通过转栏的方式，自左至右向水平方向扩展。水平式版面发源于欧美。这样的视觉效果具有规律性、朴素性、稳定性等优点，符合读者一般的阅读习惯（图 4-8）。

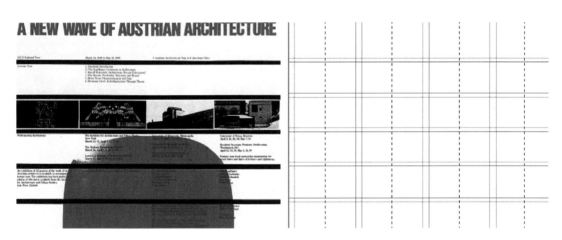

图 4-7 "黄金分割"版面

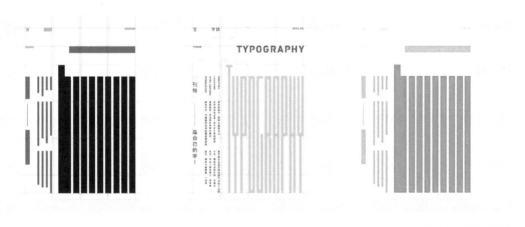

图 4-8 水平式版面

4.2.3　自由版式设计

自由版式设计是指无任何限制的设计，即版式编排元素自由组合排列的设计方式。它既不同于古典版式设计的结构严谨对称，也不同于网格版式设计中的栏目条块分割，而是依照设计对象中文字、图形的内容随心所欲地自由编排。从历史的角度进一步解释，自由版式设计是一种新型设计手段，它打破了古典版式设计与网格版式设计的制约与限制，是当代出现的具有前卫意识的版式形式和风格，追求设计中的自由性（图4-9、图4-10）。

自由版式设计具有四个基本性质，即无疆界性、字图一体性、解构性和局部的非阅读性。这种设计遵循书籍版面设计中和谐给人以美感的原则进行版面编排,使书籍的基本设计要素(如问题、图片以及符号等）打破传统版式设计模式，冲出边界。

自由版式设计虽然具有许多优势，但是在进行书籍装帧设计时仍需要设计师把握好书籍的可读性、观赏性、艺术性、文化性和愉悦性。

■　**无疆界性**　遵循无疆界性设计出的书籍作品往往具有强烈的个性和独特性，它打破了传统页面天头、地脚、内外白边的含义。在排版过程中，文字常常冲出该区域，排版所占空间与空白间隙同等重要，经过无疆界性的排列多富于变化，可让读者产生丰富的想象空间。

■　**字图一体性**　字图一体性是把文字作为图形的一部分，运用形式美的节奏、韵律、垂直、倾斜、虚实等手法来完成，达到字图一体；还可将文字叠加、重合等，以增加空间厚度和层次。文字编排颇具立体性和艺术性，使得文字呈现的视觉效果更强，观赏性更高。

■　**解构性**　解构性是指将古典排版秩序肢解、破坏从而重组新型的版面。这与艺术创作、平面设计的后现代主义思潮一脉相承。

■　**局部的非阅读性**　局部的非阅读性是指通过文字的旋转、重叠而使其表达意义的功能大大弱化，从而成为非阅读部分。这是在高信息量的生活环境中，通过简化一部分信息而强化另一部分特别需要的信息，以达到两者高度统一的艺术手法，它对现代设计提出更高的要求，是功能美与和谐的结合。

图 4-9　自由版式 1

图 4-10　自由版式 2

4.3 字体的选择与设计

文字作为视觉要素之一，是书籍版式设计中的重要表现因素。相比图形和色彩具有更加直接的传播力，经由视觉处理后的文字不仅具有阅读的固有功能，同时肩负着塑造版面视觉风格的审美功能。文字从信息功能的角度上进行划分主要可分为标题、副标题、正文、辅文等类别。设计师需根据文字信息内容的主次关系，通过有效的视觉流程组织编排文字，引导受众阅读，而这种文字的编排应该灵活，富有美感和形式感，符合大众的审美情趣（图4-11和图4-12）。

 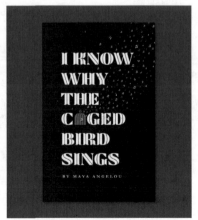

图4-11 《郭孟浩》封面   图4-12 《东京防灾》封面

文字排列组合的好坏会直接影响版面的视觉传达效果，使用不同的文字会改变整个版式的风格。当书籍中使用规整的字体时，整个版面会显得庄重、严肃；当书籍中使用的字体较丰富，版面就会显得活泼、多变化，所以字体要根据书籍的风格来选择。设计师在选择字体时，必须充分考虑到字体风格要与版式的整体风格及主题内容相一致，对设计师而言，有多少视觉风格的表现可能就需要有多少与之相匹配的字体。例如设计传统书籍时，适合使用仿宋、楷体、书法体等传统字体；设计现代书籍时，适合使用等线体、黑体、综艺体等简洁字体（图4-13）。

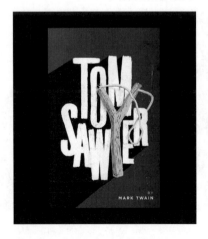

图4-13 《Tom Sawyer》封面

4.3.1　字体、字号的设计

　　文字是构成编排设计最基本的元素之一，在进行文字编排时，首先要考虑的是字体。中文常用的基本字体有宋体、仿宋体、黑体、楷书四种，在此基础上派生变化而来的有圆体、综艺体、琥珀体，以及各种创意字体，拉丁字母常用的字体有正体(罗马体)、斜体(意大利体)、等线体等。

　　字体选择的原则是字体风格与整体版面的风格、主题、内容相一致，设计师要根据书籍整体设计的内容与要求来确定。不同的字体有不同的特征和不同的视觉传达效果，比如宋体字形方正，笔画横细竖粗，横画和竖画转角处都有钝角，多用于文章、书刊的正文；黑体笔画粗细基本相等，方头方尾转角处不留钝角，多用于标题、书名以及需要强调的文字；楷体以横平竖直为原则，笔画粗细适中，一般用于标题字及幼儿读物；仿宋体横竖笔画粗细相差甚微，起落笔都有钝角，横画往右上翘，较宋体字显得秀丽而活泼，多用作诗歌的排版。根据需要恰当选择字体，对于书籍的视觉传达有着非常重要的作用。

　　在书籍版式设计中，字体的大小、间距、风格、组合形式等方面都会直接影响书籍的整体之美，文字版式设计是现代书籍装帧不可分割的一部分，对书籍版式的视觉效果产生重要影响（图 4–14、图 4–15）。

图 4–14　《Felice》字体杂志内页

图 4-15 《曾经倒数的孩子》封面

4.3.2 字距、行距的设计

在书籍版式设计中，字距与行距的把握既是设计师对版面心理感受的表达，也是设计师设计品位的直接体现。

字与字的距离称为字距，行与行的距离称为行距。字体的间距、风格、组合形式等方面都会影响书籍的整体美。书籍中的文字靠字间行距的宽窄处理来提高读者阅读的兴趣，并产生空间指引。为了不影响视觉阅读效率，通常字间距不得小于字宽的 1/4，行距不小于字高的 2/3。如行距过窄，会造成上下两行文字的视觉粘连、相互干扰、不易辨读。行距过宽，又会造成行文的松散，破坏视觉的连贯性。一般在常规的比例中字距应为 8 点，行距则为 10 点，即 8：10（图4-16、图4-17）。

当然，字距与行距不是绝对的，应根据实际情况而定。如行距还可以依据版面内容与形式需要而自由设定。例如，娱乐性或抒情性的读物（如诗歌、散文）可以适当加宽行距，以表达轻松、舒展的情绪，但对于一些特殊的版面来说，字距与行距的加宽或缩紧，更能体现主题的内涵。例如，字之间不留字距，形成一体化的图形式风格，可形成新颖别致的版面效果。

图 4–16 《设计的故事》封面

图 4–17 《酗酒、猫与赞美诗》封面

4.3.3 字体颜色的设计

在书籍版式设计中，字体颜色的合理运用起着十分重要的作用。设计师应具备把握色彩特性、风格、象征的能力，每一种颜色都有其特定的情感效果。例如，红色给人以热情似火、喜庆、革命等强烈的视觉效果；而蓝色则给人以忧郁、理智、崇高的感觉。

色彩能增强字体间的空间感，如红色、橘色、棕色等暖色调能带来向前扩张的视觉感受；绿色、蓝色、紫色等冷色调则有向后方收缩的感觉。版面的空间感还与色彩的明度、纯度有着紧密的关系。设计师在进行版式设计时，若能巧妙地运用字体色彩的基本特性，可以使书籍整体变得更生动且富有层次感（图4-18）。

图4-18　《pen》杂志封面

《pen》是一本日本文艺设计类杂志，一月两刊，杂志全名叫《pen with New Attitude》。杂志以全新观点与审美意识为主轴，是刺激设计生活的高品质文艺设计类杂志，以崭新的价值观带领读者来到充满知性的美丽领域，除了可以激发读者的好奇心与创造力外，更能够营造独特又创新的生活风格。

4.3.4　字体造型的设计

　　字体造型设计是指字体的外观形态、比例结构与笔画组成的设计环节。这个环节是整个字体设计过程的基础环节，目的在于设计字体的平面外观形态与塑造字体的初步性格归属，其重要性不言而喻。关于字体的造型手法非常之多，本书结合字体设计的实际与发展的可能性，将字体的造型手法归纳为以下几类。

　　■　**严谨刻画**　刻画是字体最早的造型手法，自字体诞生以来便一直伴随始终，无论是早期的刻画符号，还是甲骨文、金文，或是罗马铭刻体都是使用刻画的手法创造而来的。因此，从字义上解释的刻画是指利用工具将字刻画在不同的载体上，如兽甲、石材、金属等，由于被刻画的载体非常坚硬且刻好后无法修改，所以在刻画时要求严谨精细（图 4-19）。

　　■　**多样形变**　形变是指重新塑造或改变字体外观形态的造型手法。众所周知，汉字字体的基本外观形态是方形或者矩形，然而拉丁字母中的单个字母形态虽有矩形、圆形、三角形、梯形等多种形状，但其基本组合序列还是矩形形态。因此，有时候需要更多样的字体外观形态来满足不同的设计需求（图 4-20）。

　　■　**从容简略**　从容简略是指在进行字体设计时，有意识地对字体的笔画进行简化或省略，使字体的结构更加简约紧凑，笔画的布局更加科学、合理，最终使个体能够更好地适应整体。同时，被简略过后的字体更加有现代感。

　　■　**高明连接**　高明连接是字体设计中一种常用的造型手法，主要应用在组合文字的设计中。连接能够加强组合文字的整体性和流畅性，使组合文字更加具有艺术表现力。连接主要分为字外连接与字内连接，两种连接手法既可以单独使用，也可以同时使用。字体外连接是指在组合文字之间对相邻字体进行连接，字体内连接指文字内部结构之间的连接。

图 4-19 《迷城》封面

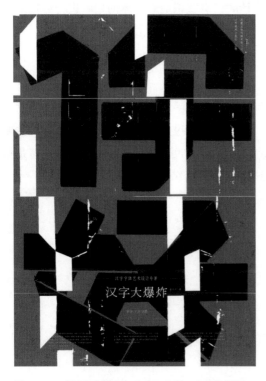 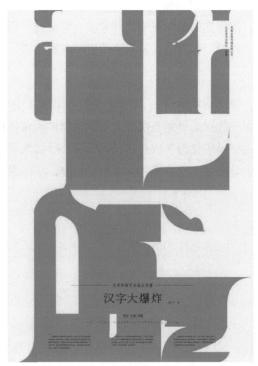

图 4-20 《汉字大爆炸：字分·字源·字质》封面

4.3.5　文字编排的设计

在版面中，文字承载表述信息的任务，文字编排的效果直接影响到信息传达的流畅性，因此，应遵循以下原则。

■　**文字可读**　版面中的文字除去特殊设计以外，需要清楚、明晰才能方便阅读。文字的清晰性受到字体和字号的影响。例如，花体字和某些创意字体的清晰度较差，印刷字体的清晰度较好。字号大小同样影响文字的清晰度，字号大的文字笔画清楚、容易识别，字号小的文字笔画模糊、识别性较差（图 4-21）。

■　**位置合理**　文字在版面上的位置也会影响它的识别性，如文字在靠向切口和订口以及文字与图片重叠时，颜色对比不明显会降低识别性（图 4-22、图 4-23）。

图 4-21　《Mid Tech》封面

图 4-22　《奔驰 People&Cars》杂志内页

图 4-23　《经济学人》封面

4.3.6　文字编排的特点

■　**醒目**　文字编排的目的是更好地传递信息，要达到这一目的，第一视觉效果必须醒目。在设计时，要注意文字与周围其他设计元素的差别，特别是底色，当底色与文字的色差较小时，文字的识别性相对较差。在编排文字时要避免繁杂、凌乱，要通过文本层次创建易读、易认、易记的视觉效果（图 4–24）。

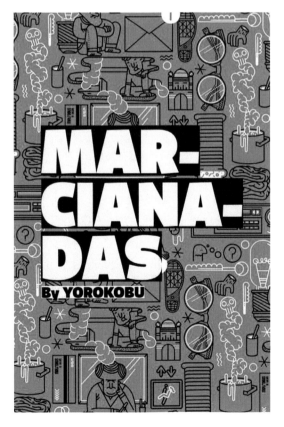

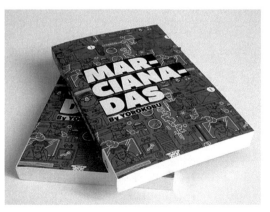

图 4–24　《Marcianadas》书籍封面

■ **愉悦**　阅读文字时，读者能直接感受版面风格及其传递出的情感。视觉感受的愉悦与否与文字编排息息相关。文字的字体、字号、编排形式、段落等构成的版面，就如人的相貌，赏心悦目的版面会让人忍不住多看几眼（图 4–25）。

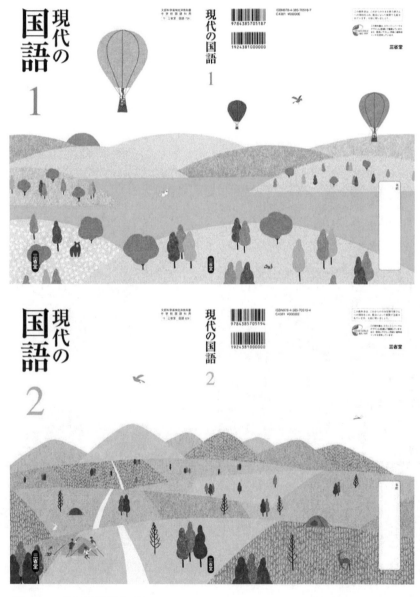

图 4–25　《现代的国语》封面

■　**创新**　现代信息形式繁杂，内容丰富，读者时刻在接受无数的信息。要想抓住读者的眼球，必须突出文字的个性特色，创造与众不同的编排形式，给人以耳目一新的观感。文字编排时可以进行单个字形和组合文字形态的创新，这种新的组合形式是刺激视觉的最佳方法之一（图 4–26）。

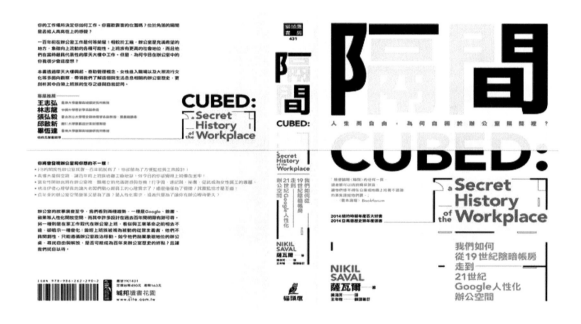

图 4–26　《隔间》封面

■ **协调** 文字编排就是把不同字体、字号的文字巧妙地组合在一起，创造出协调的视觉效果。在编排时要注意不同字体之间的联系，如方体字的规整，圆体字的饱满，扁体字的左右延伸，长体字的上下流动等。如何把多种具有潜在视觉感的字体协调、统一地放在一起，这在书籍装帧设计中是非常重要的（图4-27）。

图4-27 《文创品牌的秘密》封面

本书挑选了不同国家和地区的30个杰出的文创品牌，通过理念分享、产品展示，以及与创始人、设计师、经营者的对谈，让每位读者都能看到它们在文创标签下的真实面貌。在人人都是自媒体、创业客的时代，这本书为品牌建设提供了有益参考和灵感启发。在书籍装帧设计上，也是运用了"解密"一件产品的设计理念，为读者呈现出这本精心制作的书籍。

对设计师而言，首先应当认识到字体是有生命的，不同的字体有着不同的性格和气质，而在书籍编排中所运用到的字体，其气质风格应当与版面内容相吻合。其中，黑体和宋体是书籍版式设计中应用最多的两种字体。

宋体典雅大方，具有精致美感和人文气质；黑体干净利落，简洁流畅。此外还有楷体、等线体、艺体、圆体和各种书法体。中国传统字体中的楷体是一种非常经典的字体，在经历了无数书法大家的锤炼之后，现在已经发展得非常成熟，不仅每一个字的笔画架构都经得起推敲，还具有强烈的文化气质，因此很适合有文化感和传统韵味的设计主题。在黑体基础上发展而来的等线体清晰耐看、精致低调，颇具小资情怀，设计师在编排内文时可选用这些标准的基础字体，尽管看似普通却经得起推敲（图 4-28）。

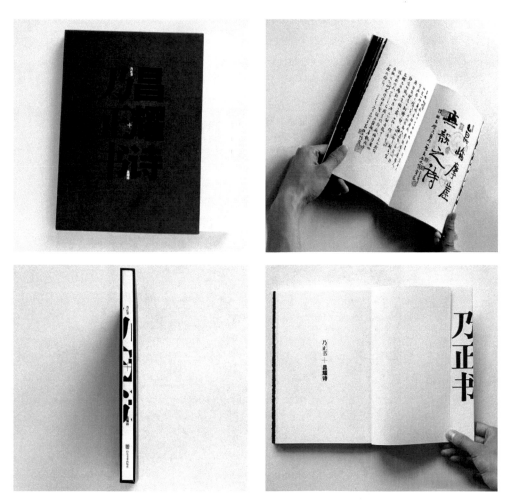

图 4-28 《乃正书昌耀诗》封面与内页

本书的精彩之处体现在内页和书脊的设计上。由于此书的内容是诗集，所以在色彩上运用了最素雅的黑白二色，并且在每张内页的边缘上都设计了黑色墨水点染的感觉，与诗的内容相互衬托。在书脊上运用了书法上的"撇""点"等汉字用笔做点缀并加以设计，别出心裁、极具创意，整本书具有浓厚的文学气息。

4.4 图形设计

图文并茂历来被认为是书籍版式设计的褒义词。书籍版式设计导入图形有两个目的：一是出于书籍形式美，增加读者兴趣；二是再现文字语言表达不足的视觉形象，来帮助读者更深地理解书籍的内容。

选择适合的图形既可以使版面更具有视觉吸引力，又可以让设计师的思路更加活跃，从而让读者对出版物的关注程度更高。图形在表现风格上和书籍自身语言一样，应力求与文字内容协调一致。如果是通俗读物，那么图形要直观、易理解；如果是诗文，那么图形要赋予读者广泛的意境；如果是儿童题材，那么插图应形象、生动、幽默和具有趣味性；如果是科学教育类书籍，需要正式、严谨（图 4-29）。

图 4-29 《假如比尔街可以作证》封面

该书讲述了一个令人动容的爱情故事，作者是美国的詹姆斯·鲍德温。封面图案采用了不同的色块分割画面，整体色调和书籍内容要表达的激情与悲伤很好地契合起来。

在书籍版式设计中，图形是最有吸引力的设计元素，当图形与普通的文字处在同一页面时，人们往往会先注意图形。因此，书籍版式设计能否打动人心，图形是至关重要的。但这并非意味着语言或文字的表现力减弱了，而是因为图形能具体而直接地把我们的意念表现出来，使原本平淡的事物变成强有力的诉求性画面，充满了更强烈的创造性。

图形在书籍版面构成要素中，形成了独特的性格并成为吸引视觉的重要素材。它具有两大功能：视觉效果和导读效果。图形在书籍版式设计中的作用：一是利用图形设计方法产生新奇的视觉效果，以此吸引读者的目光；二是利用图形"国际化"视觉语言的特征传递丰富的信息；三是有利于竞争和促进销售。

可以这样认为，创造并使用一幅好的图形等于书籍形态设计成功了一半，图形设计和书籍内在的气质要吻合，这是版式设计的关键环节（图 4-30）。

图 4-30 《千佛洞》封面

图形是人类认识世界、表达情感、记录和传递信息的重要形式，它的历史比文字、符号更久远。中国的汉字最早就是由原始图形演变而来的，故有书画同源之说，就书籍的历史来看，图画与文字历来就是密不可分的。图形之所以无法被语言文字所取代，就在于它本身具有视觉直观性和超越文字语言限制的便利性，有些抽象的图形还具有对各种解读的兼容性。

书籍内容中的图形包括摄影作品、插图和图案，它们有写实、抽象、写意等多种形态。具体的写实手法多应用在少儿知识读物、通俗读物的图形设计之中，因为少年儿童和文化程度较低的读者对于具体的形象更容易理解；而科技读物和一些建筑、生活用品画册多运用具象图片，使之具有科学性、准确性；历史、政治等具有教育意义的书籍在多数情况下习惯运用抽象的表现形式，使读者能够领会到其中的深刻含义，从而获得精神享受；在文学书籍的版式设计中多使用写意的手法，不是以具象和抽象的表达形式去提炼原著内容，而是用似像非像的形式去表现；中国画中有写意的手法，着重于抓住形和神的表现，以简练的手法获得具有气韵的情调和感人的联想。自然图案的变化也称为写意变化，在简练的自然形式基础上发挥想象力，追求形式美的表现，进行夸张、变化和组合，而运用写意手法进行版式中的图形设计，会使书籍内容的表现更具象征意义和艺术的趣味性（图4-31）。

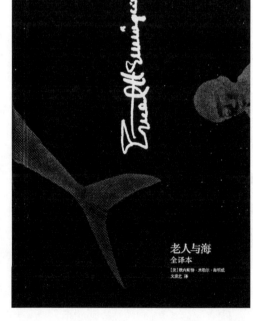

图4-31　《老人与海》封面

4.4.1　图形的形式

图形在书籍的版式设计中发挥了想象力、创造力及超现实的自由构造，运用不同的形式展示独特的视觉魅力。摄影技术和计算机为图形设计提供了更加广阔的设计平台，促使图形的视觉语言变得更加丰富。点、线、面是我们理解图形形式要掌握的重要知识。

■　**点**　作为图形素材的点与几何学里的点是不同的。几何的点没有面积与体积，我们只能理解到它的存在。但图形上的点则是人们肉眼能够看得见的，是占有一定面积的。由于图形上的点占有一定面积，因此又有相对性，即在相对大的空间里被视为点的，在相对小的空间中则可能被视为面。

点的数量不同，其视觉效果也不同。单个的点有集中视线的作用；两个或几个点有使视线不断移动的作用；许多点排列成行会产生线的效果，许多点聚集起来会形成面的感觉；一群点形成有秩序的大小形态变化，又会产生虚实感、远近感和立体感（图 4-32）。

图 4-32　《Aino-Maija Metsola》封面

　　■　**线**　作为图形素材的线与几何学里的线也是不同的。几何理论上的线是点移动的轨迹，虽有位置和长度，却没有宽度。图形的线不但有长度，而且有宽度。线有粗细之分，粗线浓重，细线轻淡，由粗变细，可产生浓淡、轻重的变化；线有曲直之分，曲线柔和，直线刚硬；线又有方向的区别，垂线有升降感，水平线有安全感，斜线有前进感，折线有力度感。把一组线有秩序地加以安排，可以表现不同形状的面、面上的凹凸变化及其他变化（图4-33～图4-35）。

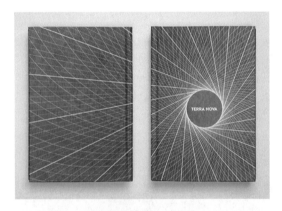

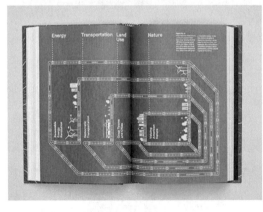

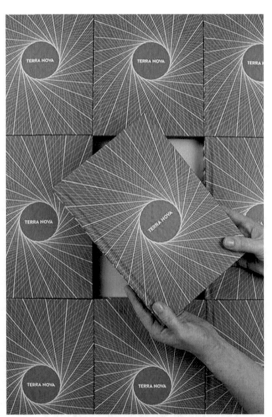

图 4-33　《Terra Nova》封面与内页

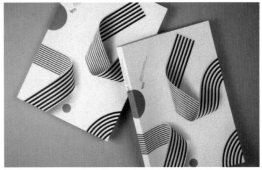

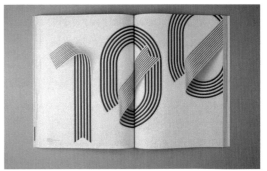

图 4-34　《Sawdust》封面与内页

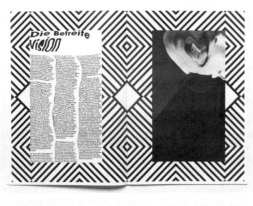

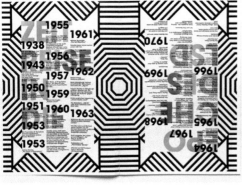

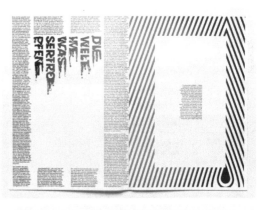

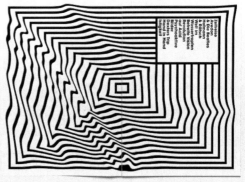

图 4-35　《TRIGGER》封面与内页

　　■　**面**　作为图形素材的面，与几何学里的面也是不同的。几何理论认为，面是线有秩序地按一定方向移动的轨迹。而图形中的面则是点的扩大，线的加宽，或者是点和线的集合。面的形态可分为几何形态、有机形态、偶然形态、不规则形态等。几何形态的面的轮廓为几何形，由直线和曲线组成，基本形态有正方形，三角形和圆形，并可在此基础上通过分解、挖补和拼接，产生各种复杂的几何图形。这样的面一般可用数字计算其数值，并以仪器制作，给人以简洁、明快、工整和机械的印象（图4-36）。

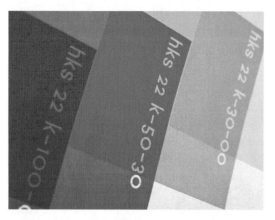

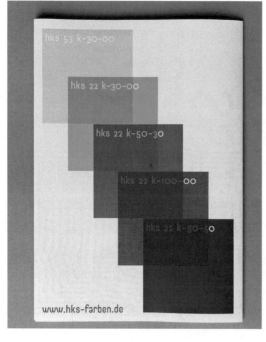

图4-36　《Colourmatch》封面

4.4.2 图形的分类

在版面上，图比文字更直接、更具体，能够展现文字所深藏的内涵，促使信息表达趋于直观。从平面设计角度看，图是在二维空间上创造丰富的视觉层次，以更加形象的造型传递信息。

无论是广告、期刊、包装、网页的编排都会遇到大量的图，不经过任何处理就直接排版的做法是非常冒险的，因此，对图进行分类非常重要。在设计时把内容、色调、角度相近的图集中在一起，是版面协调的手段之一。图中有各种不同的信息，并且各自具有不同的性质。例如，取景是远景、中景还是近景，图中的对象是静态还是动态效果，主要对象是人、动物还是图表，色调是灰暗还是明艳，图内容有何种意思等，这些是图的基本信息。设计师分析图也要像分析文本一样由深入细，除此之外，设计师还要深入了解图的内涵，在排版时需要强调图的性质（图4-37）。

图 4-37 《我乘火车穿过俄罗斯》封面与内页

■ **具象图形**　具象性图形最大的特点在于真实地反映了自然形态的美。在以人物、动物、植物、矿物或自然环境为元素的造型中，写实性与装饰性相结合，令人产生具体清晰、亲切生动之感。它以反映事物的内涵和自身的艺术性去吸引和感染读者，使版面构成一目了然。

实体的英文为 substance，意为实体、本体、物质。形象来自实体，实体是形象之源。实体的形象无数，而我们用作图形素材的形象只是其中与创意有关的形象，即用以传达图形主题的形象。具象首先是指客观实体的直观形象，它生动地反映了实体的个性，反映了人脑对客观实体的直观印象。

在图形的主题里总是有一些概念要通过形象来表达的，而其中有许多就是实体形象。例如提到"和平"这个概念，我们很容易联想起鸽子与橄榄枝。世界上有许多实体形象，都同人类的经历和思想有着各种联系，因此被用来代表人脑中的一些概念，成为具象素材（图4-38、图4-39）。

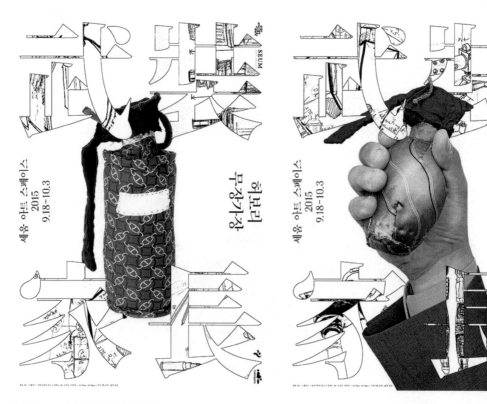

图 4-38　《武装家长》杂志封面

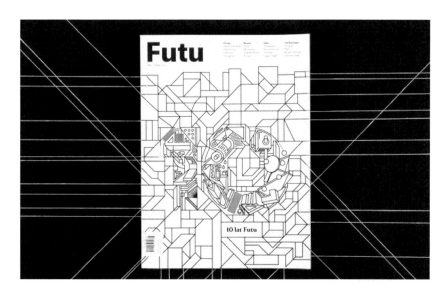

图 4-39 《Futu》杂志封面与内页

■ **抽象图形**　　抽象与具象是互相区别而又互相联系的。作为图形的素材，具象是实体的直观形象，而抽象则是同类实体的概括形象。例如，世界上点状的实体很多，包括砂粒、米粒、豆粒等，而经过人脑的概括，它们直观的个性都消失了，只留下共性"."，也就是抽象的"点"。这种"点"虽然源自砂粒、米粒、豆粒，但是已经发生了质的变化，不再是这些实体的直观原形。其他的抽象形体包括线、面、体的产生，均可依此类推。这些抽象形体都可以用作图形创作的素材。抽象素材作为图形的创作原料，既可以加工成抽象图形，也可以加工成具象图形（图4-40、图4-41）。

图 4-40　《Rendez-vous des créateurs 2016》内页

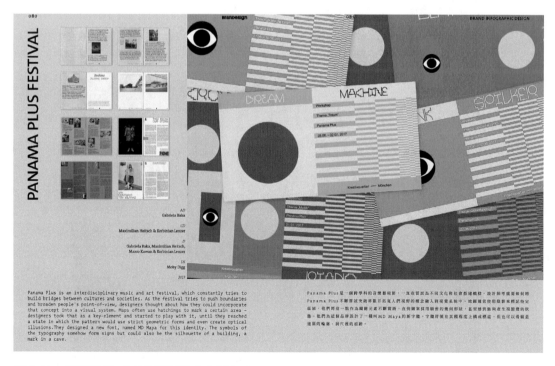

图 4-41　《看图说话：你的信息时代》杂志内页

■ **半抽象半具象图形** 自然形态的面虽然不能像几何形那样可用数学方法求出，但它具有自然的特性和淳朴的秩序性美感。它是从自然界中找出原型，并加以适当整理而成的，可称之为半抽象形态。偶然形态的面是无意之中偶然产生的，是不由人的意志控制的偶发现象。它具有其他形态表现不出的视觉效果，可以用不同工具、材料及方法创造出来。如墨水瓶摔破后墨水溅开之形；水油相渗所出现的奇特之形；吹彩法、滴流法、挤压法创造的形等。若能适当地运用这些偶然形，就可获得一般情况下难以取得的形态效果，使图形的视觉传达更加丰富多彩（图 4-42）。

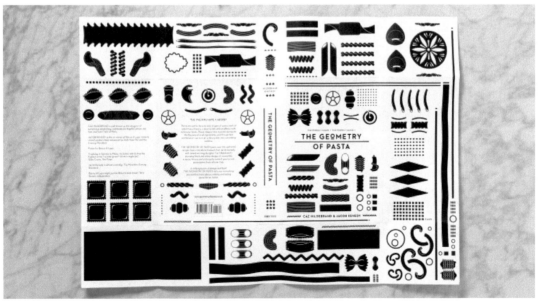

图 4-42 《The Geometry of Pasta》内页

不规则形态的面属于半抽象半具象图形，它能够有计划地表现形象和设计师的感情因素。如用手撕出来的造型，用蜡烛烤出来的造型，用剪刀剪出来的造型，用毛笔顿挫出来的造型等。它们的外形虽不像几何形那样规整有序，但正因其不规则的形状而在造型上别具一格。由于这些不规则造型既可以是抽象的，也可以是具象的，故而可称之为半抽象半具象形态（图4-43）。

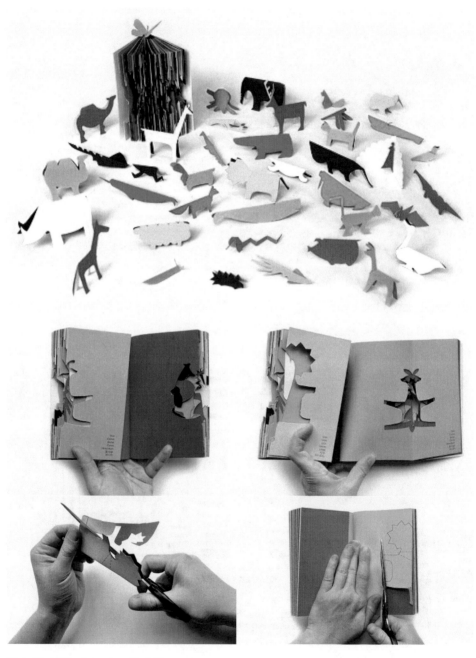

图4-43 《Zoo in my hand》内页

4.5 色彩的搭配

色彩是书籍装帧设计引人注目的重要艺术语言，是最有诱惑力的元素，在设计书籍版式时，如果色彩用得整体、到位，就会在第一时间生成书籍的整体美感，同时俘获读者的心。色彩具有与构图、造型及其他表现语言相比，更有视觉冲击力和抽象性的特征，也更能发挥其诱人的魅力。同时它又是美化书籍、传达书籍情感的重要元素。设计师不仅要系统地掌握色彩基本理论知识，还应研究书籍装帧设计的色彩特性，了解地域和文化背景的差异性，熟悉人们的色彩习惯和爱好，以满足千变万化的消费市场。

4.5.1 色彩的本质

物体之所以会有颜色，是因为它对不同波长光线有吸收、反射和穿透的能力，这是由物体本身的特性决定的。所有的色彩都是来自物体本身对各种色光的反射，比如太阳光和灯光看起来似乎没有什么独特的颜色，只是一束白光而已，但是如果使光线通过棱镜就可以发现，光线实际上包括了所有的颜色。再比如一张干净的白纸，它能够反射所有的色光，这些色光组合成了白光，所以你看到它是白色的；树叶之所以看起来是绿色的，是因为树叶只反射光线中的绿色光，并吸收了其他色光（图 4-44）。

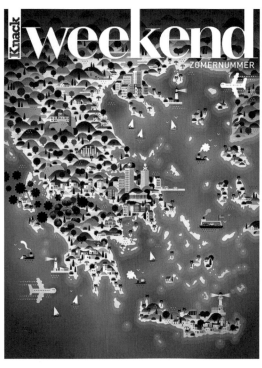

图 4-44　《weekend》杂志封面

随着物质生活现代化的高度发展，人们对书籍色彩的审美品位越来越高。因此，设计师要善于从其他地方寻找色彩的气氛、意境、情调和灵感，使书籍中的色彩设计更具人性化和科学性。色彩如何体现书籍的内涵与审美，使其内容与精神有机结合，如何发挥色彩的魅力是设计师探询的永恒话题。

色彩的平衡是指色彩的组成因素在视觉上使人产生均衡感和安定感，是色彩在画面左右对称的一种稳定状态。色彩中的平衡主要分为两种形式——对称的平衡和非对称的平衡。对称的平衡是一种基本的平衡，画面具有单纯、明快的特征，给人以和睦、平静的视觉效果；非对称的平衡是指按不同的位置、面积组成不同的色彩关系，依据书籍的内容，按照一定的空间在画面中进行不均匀的色彩着色，最终使书籍版面在视觉上保持相对的平衡状态。

实践证明，和谐而又理想的色彩搭配不但要满足书籍内容的需求，同时还要满足人们的审美需求。如儿童喜欢鲜艳、活泼、明快的色彩；老年人喜欢平和、静谧的色彩；女性喜欢柔美、温和的暖色系；男性则喜欢理性、刚直的冷色系。色彩的象征性不是一成不变的，人们对色彩的心理作用和好恶也会随着时代的发展和环境的变化而变化（图4-45）。

图4-45　《Alki Zei》系列封面与封底

在设计过程中，我们通过点、线、面、形、色等方面的变化与组合，在传递书籍内容信息的同时让读者感受到犹如音乐、舞蹈中的节奏和韵律的变化。韵律和节奏在不同的色彩关系中产生，会因为人们视角的不同而形成不同的感受。渐变的节奏是由色相、纯度、明度以及色块的形状变化而形成的，或由强到弱，或由冷到暖，或由纯到灰。这种节奏的变化跳跃性强，变化的特征十分明显，但在具体处理过程中要避免因过于简单而形成单调的版式。

■ **对比色搭配** 对比色对比指在色相环上距离为120°左右的色相的对比，属中强的色相对比。比如大红与钴蓝、中黄与湖蓝等。对比色相对比较饱满、活泼，很容易使人兴奋。对比色的巧妙搭配可增强版面的视觉冲击力，同时还可以增强版面空间感。但由于色相间缺乏共性，相互排斥难以调和，故容易造成视觉疲劳。在色彩调配中，可通过调和主、次色之间的关系或调整面积比例的大小以形成和谐的色彩效果（图 4-46）。

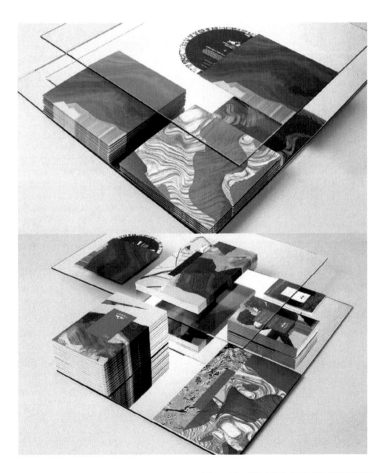

图 4-46 蒙特利尔红牛音乐学院画册

■ **同类色搭配**　同类色是一种无色相差的对比，是在色相环上距离为 15° 以内的色相间的对比，一般看作是色相的不同明度与纯度的对比，也是最弱的色相对比。比如深紫、浅紫与紫红等，它是极为协调而单纯的色调，体现了色相的微妙变化（图 4-47）。

■ **邻近色搭配**　邻近色是指在色相环上距离为 15°～45° 之间的色相间的对比，是较弱的色相对比。比如淡黄与淡绿、橘黄与朱红等，色相间既有差异又有联系。邻近色相的对比要比同类色相对活泼，却又不失和谐与雅致的感觉。邻近色之间冷暖性质相同，且色彩情感相似，因此，邻近色的搭配和运用有丰富的情感表现力（图 4-48）。

图 4-47　《Make Different》封面　　　　　　　　图 4-48　《十年后，我来听你的音乐会》

4.5.2　色彩的使用

　　书籍版式设计中色彩的运用与人们的情感有着密切联系，设计师在不遗余力地追求最大限度的视觉刺激，但目前国内的很多书籍设计在一定程度上存在误区。由于大量相同类型书刊的涌现，高亮度、高彩度色彩的滥用，醒目的文字充斥版面，导致效果适得其反，使产品淹没在众多的书籍中无法被发现。所以加强书籍色彩的注目性需要把握一定的度，在设计中应注意以下几点。

　　■　**用色装饰要简洁**　书籍版式设计的用色一般属于装饰色彩的范畴，主要是研究色彩块面的并置关系，给消费者提供艺术美感。从书籍的内容出发，色彩应做到提炼、概括和具有象征性，这是从审美的角度分析。从经济利益的角度来看，用色恰当可以降低成本，有利于商家和消费者的利益（图 4-49）。

图 4-49　TOPNME 书店画册内页

■ **用色要注重视距层次**　一些低水平设计的书籍版式色彩元素配置不合理，甚至相互排斥，造成整体视觉舒适度下降，使读者无法从众多的书籍中发现设计师的作品。在视觉色彩的应用上，应从读者的视觉角度出发，形成远视距视觉刺激使读者走近观看，中视距使读者发现书籍中的细节（图4-50）。

图4-50　《皇帝圆舞曲》封面与内页

整本书的字体选用了比较优雅的衬线字体，中文字体既有古典气质又不失现代感，并且运用了中英文字体搭配的形式。至于整书的设计主元素也是设计师和作者、编辑反复沟通，最后设计了一种有点类似舞蹈的轨迹曲线贯穿整本书的设计，再加上玫瑰金的烫金效果，使整本书有种优雅精致的感觉，希望读者能通过这些设计小心思，再次重回那个美好时代。

■ **色彩与书籍定位一致** 设计师首先要了解销售市场同类书籍的设计特点，在进行市场调研的基础上加上对书籍内容的理解才能确定设计的定位，在色彩运用中必须根据不同书籍的内容做到有的放矢。

一般来说，艺术类书籍的色彩要求具有丰富的内涵，要有深度，切忌轻浮、媚俗；科普书籍的色彩可以强调神秘感；时装书籍的色彩要新潮、富有个性，准确体现杂志的定位；专业性学术书籍的色彩要端庄、严肃、高雅，体现权威感，不宜强调高纯度的色相对比。只有设计用色与设计内容协调统一，才能使书籍的信息正确、迅速地传递（图 4-51、图 4-52）。

图 4-51 《随手科技 2018 设计年鉴》艺术类杂志

图 4-52 《野果》封面

■ **色彩的情感与读者产生共鸣** 随着科学的发展，人们对色彩的研究包括色彩物理、色彩生理、色彩心理等多个领域。色彩的心理作用表现在人对色彩有冷暖、轻重、软硬、进退、兴奋与宁静、欢乐与忧愁等感觉，将这些色彩对人的生理和心理作用合理地运用到书籍版式设计中，是今后着重研究的方向。

当然，色彩的心理作用及联想会因为国度、民族、年龄、性别、职业的不同，以及社会制度、气候条件、文化素养、宗教信仰和风俗习惯等差异产生不同的心理反应。比如红色常常用来代表中国形象，被称为中国红。此外，应注意色彩的心理作用和书籍作为商品性能的关系是复杂的，色彩的心理和象征性也不是绝对的，书籍装帧设计的色彩表现是涉及多学科的综合课题（图 4-53）。

图 4-53 《Lasca》封面

4.6 专题拓展：《DJ.Set》案例赏析

《DJ.Set》是一种新型的音乐刊物。在数字音乐立即被下载时，DJ.Set 可以实现 DJ 的虚拟世界，以每月编辑一个音乐盒的方式连载（图 4-54 ~ 图 4-61）。它包含了音乐家的情感，以及他们的真实生活和所居住城市的一部分。

《DJ.Set》杂志封面在颜色的运用上非常大胆，弧线形字体排版的方式体现其独特的质感。书刊内页随处可见幽默的图片、丰富的装饰元素、鲜艳的背景颜色，与主题相互呼应，体现了当代音乐的创新性。

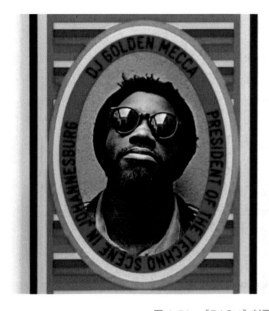

图 4-54 《DJ.Set》封面

图 4-55 《DJ.Set》色彩设计 1

图 4-56 《DJ.Set》色彩设计 2

图 4-57 《DJ.Set》色彩设计 3

　　《DJ.Set》杂志在内页版式的编排上费尽心思，将古典版式、网格版式和自由版式灵活运用。既将文章内容完整地展示，又以丰富的排版方式吸引大众眼球。大量的文字编排"暗藏玄机"，字体的选择与设计极具匠心。《DJ.Set》拥有超高的人气和销量，优秀的排版设计是它获得成功的重要因素之一。

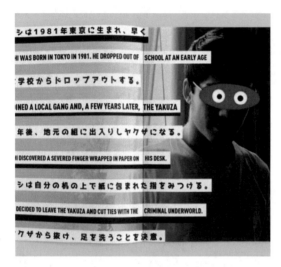

图 4-58　《DJ.Set》图片与字体设计 1

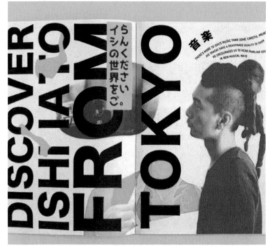

图 4-59　《DJ.Set》图片与字体设计 2

图 4-60　《DJ.Set》内页版式设计 1

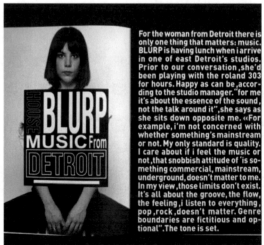

图 4-61　《DJ.Set》内页版式设计 2

4.7　思考练习

■　练习内容

1. 准备一份市场调研报告。以一本经典书籍为例，进行不同封面设计的分析比较。充分列举其特色，并制作分析报告，格式为 PPT 或 PDF。

2. 制作三本手帐。要求体现版式设计的多样性，尺寸为 A5，材质不限。

■　思考内容

1. 版式在书籍装帧设计中起到的关键性作用?

2. 如何合理运用基本的版式模式?

3. 版式设计对书籍销量产生的影响?

更多案例获取

womankind

IE DARK SIDE
F CIVILISATION

THERAPEUTIC
FE

IE FREEDOM
) FAIL

5

书籍
装帧

第 5 章　书籍装帧发展的多样性

教学关键词：

创新　材料　造型　感官

教学目标：

● 掌握书籍装帧创新性设计的理论方法

● 了解不同书籍材料的特点和区别

● 深刻理解书籍装帧设计中的感官融入

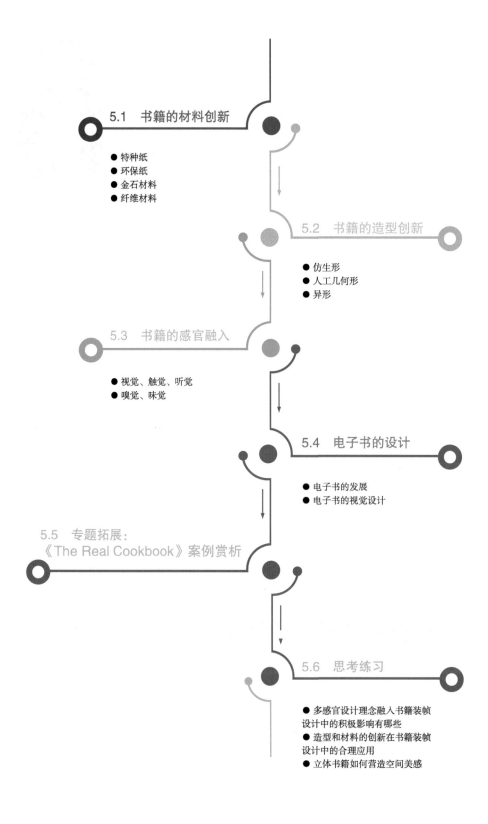

5.1　书籍的材料创新

● 特种纸
● 环保纸
● 金石材料
● 纤维材料

5.2　书籍的造型创新

● 仿生形
● 人工几何形
● 异形

5.3　书籍的感官融入

● 视觉、触觉、听觉
● 嗅觉、味觉

5.4　电子书的设计

● 电子书的发展
● 电子书的视觉设计

5.5　专题拓展：
《The Real Cookbook》案例赏析

5.6　思考练习

● 多感官设计理念融入书籍装帧
设计中的积极影响有哪些
● 造型和材料的创新在书籍装帧
设计中的合理应用
● 立体书籍如何营造空间美感

多元化一词在词典中的解释是"任何在某种程度上相似但有所不同的人员的组合"。书籍装帧多元化发展的意义在于书籍装帧设计的方式不是单一性的，要注重设计的文化内涵，尽可能地体现出书籍装帧设计的空间感和艺术性。书籍设计和其他艺术设计都是互通互融的，艺术手法上也要结合其他旁类艺术手段。所以，书籍装帧发展不能仅局限于外表上的更新，也不能一味地模仿传统，而是要注重深层次的传统文化理念的挖掘，做到真正意义上的传承发扬传统文化的精髓。

5.1 书籍的材料创新

20 世纪 50 年代起，随着现代颜料涂布加工纸的技术与工艺日趋成熟，材料与工艺为现代书籍带来了新的设计增长点，各种涂布加工、复合加工、浸渍加工等加工技术和加工产品层出不穷。纸张品种多达 5000 种，书籍装帧设计可供选择的纸张越来越丰富，选择哪种纸张会影响最终的印刷效果。当然，除了纸张外，还有很多其他特殊材料，比如布、木、皮革、金属等，并且以高分子系列（乙烯树脂）为首的新型装帧材料的出现，导致装订技术的革新和生产的自动化。设计师们做了大量精细、深入的调研，大胆尝试各种印刷材料，并平衡设计作品本身带来的各种得失，涌现出很多优秀的作品（图 5–1）。

图 5–1　《情感流》概念书籍封面

5.1.1　特种纸

具有特殊用途的、产量较小的纸张称为特种纸。特种纸的种类繁多，现在销售商将压纹纸等艺术纸张统称为特种纸，主要是为了简化因品种繁多而造成的名词混乱。特种纸是将不同的纤维利用抄纸机抄制成具有特殊机能的纸张，并配合不同材料进行修饰或加工，赋予纸张不同的机能及用途，例如生活纸、建材纸、文化艺术纸等（图5-2）。

特种纸源于1945年美国国立现金出纳机公司研制成功的无碳复写纸，也有人叫它特种加工纸。特种纸不断地推出，拓展了人们的视野，改变了人们对纸的传统看法。在原料的使用上，特种纸不再限于植物纤维，非植物纤维（如无机纤维、合成纤维）也得到了广泛应用。在结构上，除了纤维交织层外，还能加工或者增加涂布层数。

但是，特种纸的发展面临许多挑战，如资金投入多、设备要求高、技术难度大等。同时，部分特种纸的应用面较窄，需求量小。所以特种纸在短期内没有形成气候，还有待于人们去开拓。

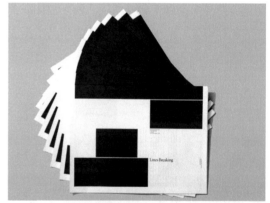

图5-2　《Lines Breaking Newspaper》特种纸应用

《Lines Breaking Newspaper》体现了特种纸材质的成功应用，使书刊面貌焕然一新，吸引了更多的读者和收藏家，较好地提升了阅读兴趣。

5.1.2　环保纸

环保纸又称再生纸，是以废纸为原料，将其打碎、去色、制浆，经过多种工序加工生产出来的纸张。其原料的 80% 来源于回收的废纸，因而被誉为低能耗、轻污染的环保型用纸。城市废纸多种多样，利用不同类别的废纸可以制成不同种类的再生复印纸、再生包装纸等。一般可以分为两大类：一类是挂面板纸、卫生纸等低级纸张；另一类是书报杂志、复印纸、打印纸、明信片和练习本等用纸（图 5-3）。

环保纸分为以下几类：（1）纸板和纸箱；（2）包装纸袋；（3）卫生等生活用纸；（4）新闻用纸；（5）办公文化用纸。

Zanders 公司邀请诺德尔设计一本手册，用来推广新推出的 Zeta 系列再生纸。诺德尔设计了一系列的对话场景，从内在精神上反映新产品和服务的设计优势。这本手册让消费者感受到真诚的态度，这也是 Zeta 系列再生纸优秀的品质。

图 5-3　Zeta 系列再生纸

① 物理成分。从纸张的物理性能来看，表面强度、耐水性和平滑度等都是考量纸张质量的重要因素。另外，在光学特性方面，不透光度、光亮度和纸张颜色都是要注意的地方。目前，循环再生纸的使用已经非常普遍，同时，生产商也不断地在色域、印纹清晰度、品质等方面进行研究，务求得出更好的纸张特性。

② 价格比较。据调查，一本双线信纸售价为 5 元左右，再生纸只要 3 元，其他再生纸本册价格也比一般本册便宜，价格低廉是再生纸的一个显著特点。如今，再生纸销售厂家尽量压低利润，甚至冒着亏损的风险廉价出售，目的是为了利用再生纸的亲民价格吸引广大消费者，让大众尽快接受再生纸，了解其优点。企业的生存根本是效益，这种尴尬会很快解决。

③ 耗材比较。1t 废纸可生产品质良好的再生纸 850kg，节省木材 $3m^3$，同时节水 $100m^3$，节省化工原料 300kg，节煤 1.2t，节电 $600kW \cdot h$，按山东晨鸣纸业集团股份有限公司每年生产 2×10^4t 办公用再生纸计算，一年可节省木材 $6.6 \times 10^4m^3$，相当于保护 52 万棵大树，或者增加 5200 亩（1 亩 $=666.67m^2$）森林，我国废纸资源十分丰富，合理利用废纸资源等于在保护环境、节约资源等方面迈出了一大步。

再生纸是一种以废纸为原料，经过分选、净化、打浆、抄造等十几道工序生产出来的纸张，它不但不会影响办公、学习的效率，并且有利于保护视力健康。在全世界日益提倡环保思想的今天，使用再生纸是一个深得人心的举措。

5.1.3 · 金石材料

金石材料包括金属、石器等。金属材料是指具有光泽、延展性、容易导电、传热等性质的材料，一般分为黑色金属和有色金属两种。黑色金属包括铁、铬、锰等，其中钢铁是基本的结构材料，被称为"工业的骨骼"。有色金属是指铁、铬、锰三种金属以外的所有金属，可分为重金属（如铜、铅）、轻金属（如铝、镁）、贵金属（如金、银、铂）及稀有金属（如钨、钼）等。金属材料的成功运用具有重要意义，为书籍装帧设计开辟了新的方向。

我国最早的文字记录是以甲骨、青铜器、石头等为载体的，大体相当于现代的记录和档案，其传播的功能十分有限，还不能称之为书，可视作历史文献，接近正式的书籍。从现存实物的时代来看，首先是甲骨，随后是青铜、石头，之后是竹木。如今，以金石作为材料进行书籍装帧的案例比比皆是。由于材料的不同，书籍的形态也就各不相同（图5-4）。

图5-4 《封面故事》

《封面故事》是以色列特拉维夫国土博物馆举办的"On The Edge"纸张艺术展的参展作品。设计师尼尔芬姆和阿维海·米兹拉希重新思考了材料与其固有特性的关系，例如金属代表坚硬，而纸张代表柔软，并以这样的理念设计出用钢材料作为封面的书籍。他们的灵感来自于物料加工的过程，纸张堆积在一起会变得极其紧固，必须使用锯子切割；而把金属进行折叠滚圆处理后，它看起来就会像一张柔软的正在被翻阅的纸。

5.1.4　纤维材料

纤维材料又称为纺织材料，是指纤维及纤维制品，具体表现为纤维、纱线、织物及其复合物。纤维是纺织材料的基本单元，纤维的来源、组成、制备、形态、性能极其丰富与复杂，并直接影响着其构成物——纤维集合体的性质，以及纤维的实用价值和商业价值。

在现代书籍装帧设计中，纺织新材料的研发，特别是纳米纤维在书籍中的开发和使用，突破了传统意义上的纺织材料概念。纺织材料成为书籍材料的重要组成部分，以"形"及其复合形式为研究主体，是纺织材料的基本特征之一（图5-5）。

图 5-5　《柳林风声》封面

这套书的设计理念来自企鹅艺术总监保罗·巴克利，他希望用一种更具人文气息的方式传达书籍的气质，将古老、优美的文字之美外化于书籍封面，于是他选择了"刺绣艺术"的表现形式。由于不可能用手工刺绣来制作每本书，设计师寻找了其他两位刺绣工艺艺术家吉利安·塔马基和瑞切尔·萨姆普特来进行手工刺绣打样，设计师再依据样本进行工艺和纸张的选择，竭尽全力地保留刺绣的质感。

（1）分类。依据纺织材料的定义，纺织材料包括纤维及纤维集合体。

（2）结构。纤维材料的结构十分特别，首先，它并不是通常意义上的连续介质，在纤维材料的内部存在大量的纤维与纤维、纤维与空气的界面，纤维之间的连接非常松散，在力学特性上具有十分独特的模量；其次，纤维材料中的孔隙是纤维之间自然形成的空隙，这些孔隙都是贯通孔隙，这使得纤维材料的有效孔隙率非常高；再次，纤维是一种长径比很大的物质形态，直径又十分的细小，容易发生弯曲变形。因此，纤维材料十分柔软，形状适应性非常好。

在众多艺术领域中，最能够缓解人们生活压抑感的就是纤维材质的作品，我们称之为"纤维艺术"，纤维艺术在书籍装帧设计中发挥着重要作用，主要体现在手工布艺书中，它给人以温暖、柔和的感觉，使现代装饰空间充满了温情（图5-6、图5-7）。

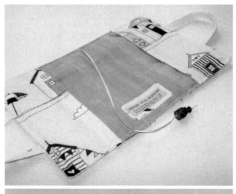

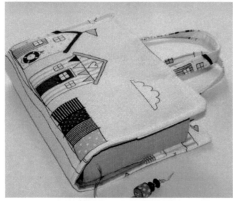

图5-6　手工布艺书

图5-7　少儿手工布艺书

布艺书已有近100年的悠久历史，在发达国家非常普及。少儿手工布艺书受到婴幼儿教育专家的广泛推崇，被公认为"小宝宝最好的软性益智读物"。

5.2　书籍的造型创新

书籍形态设计创新的关键在于突破传统、狭隘的装帧观念。在创作过程中合理地运用秩序之美、隐喻表达、本土文化、趣味性、色彩、工艺之美等表现手段，才能够创作出性格鲜明的作品，充分展示书籍的文化内涵和设计魅力。将神态有机地融入书籍的形态之中，大大提升书籍的品位。

书籍的形态即指书籍的造型结构以及神韵，它是设计学科中一个很重要的概念。书籍的神韵和内涵的结合都是靠书籍的外形来表现的。现代书籍形态的设计打破了我们传统观念中书籍的形式和仅靠文字传递信息的束缚，不再仅是视觉上的体验，而更多的是感官上的互动，是一项完整的新型视觉传达活动。

随着现代印刷工艺的飞速发展和电脑技术的进步，制作书籍的材料的选择性也多样化起来。重塑新形态和不同质感的书籍，可以让读者在阅读的过程中得到感官体验的提升，同时又将书籍以不同的功能、类型进行分类，从而进一步推动市场，在一定程度上刺激了书籍设计艺术的商业价值（图 5-8）。

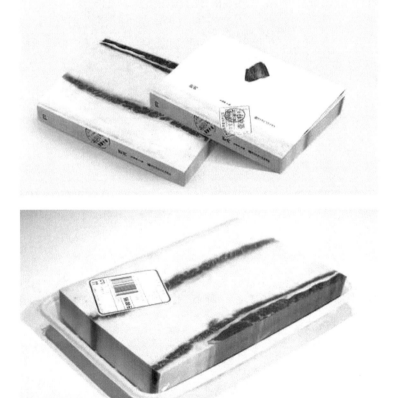

图 5-8　《肥肉》封面与封底

5.2.1 仿生形

仿生形书籍是关于仿生学的一类书籍。仿生设计学与旧有的仿生学成果应用不同，它是以自然界万事万物的"形""色""功能""结构"等为研究对象，有选择地在设计过程中应用这些特征原理进行的设计。同时，结合仿生学的研究成果，为设计提供新的思想、方法和途径。在某种意义上，仿生设计学可以说是仿生学的延续和发展，是仿生学研究成果在人类生存方式中的反映。仿生设计学作为人类社会生产活动与自然界的契合点，使人类社会与自然达到了高度的统一，正逐渐成为设计发展过程中新的亮点。

仿生形书籍是一种利用生物结构和功能原理的设计方式，从人性化的角度出发，追求传统与现代、自然与人类、艺术与技术、主观与客观、个体与大众等多元化的设计融合与创新。仿生形书籍结合了自然界动物、植物的形态，融合工业设计原理，并与科学相结合进行设计。它不仅考虑平面设计的图案效果，还综合多种技术、艺术、设计，体现了学科的综合性（图5-9）。

图5-9　仿生形书籍

　　自然生物体的表面肌理与质感，不仅是一种触觉或视觉的表象，更代表某种内在功能的需要，具有深层次的生命意义。可通过对生物表面肌理与质感的设计创造，增强仿生设计产品形态的功能意义和表现力。生物的意象是在人类认识自然的经验与情感积累的过程中产生的，仿生书籍设计对内容语义和文化特征的体现具有重要作用。

　　生物结构是自然选择与进化的重要内容，是决定生命形式与种类的主要因素之一，具有鲜明的生命特征与意义。结构仿生设计通过对自然生物由内而外的结构特征的认知进行设计创新，使书籍具有自然生命的意义与美感特征（图 5-10 ～图 5-12）。

图 5-10　《LITTLE COW》　　　　图 5-11　《LITTLE LAMB》　　　　图 5-12 《LITTLE PANDA》

　　"看我"系列童书的目标人群是学龄前儿童，对于他们来说，文字传达的信息非常有限，图案和形状传达的信息却是无限的，选择让儿童也一目了然的仿生形书籍再合适不过。
　　书籍封面的形状是依据故事中所描述的动物形象模切而成，如果说书籍描述的内容是对宝宝提了一个问题，那么书封就是为宝宝的想象提供了一个答案。

5.2.2 人工几何形

　　人工几何形的书籍指设计师有意识地将书籍形态模仿成建筑物、汽车、轮船、桌椅、服装及雕塑的形状。人工几何形根据造型特征可分为具象形态与抽象形态。具象形态是依照客观物象的本来面貌构造的写实形态，其形态与实际形态相近，反映物象的细节真实和典型性的本质真实；抽象形态不直接模仿现实，是根据原形的概念及意义而创造的观念符号，是以纯粹的几何观念提升的客观意义的形态，如正方体、球体以及由此衍生的具有单纯特点的形体(图5-13)。

图 5-13　《The Deep》梯形立体画册设计

　　这本画册在闭合时是对称的梯形，打开后变为扇形，其文本信息根据传递的顺序、主次关系、字数的多少，安置在不同位置的规则几何形上。图案外延呈不规则的抽象形态，规则与不规则发生碰撞，形成丰富的视觉形态，并呈现出立体书的效果。

5.2.3　异形

平面异形设计是指相对于工业化标准设计而言的任意形设计，是当代平面设计中开本的非标准化设计。这一设计方式主要运用于书籍、海报等具有特殊用途的出版物中，它具有创意新颖、外形奇异、功能特殊、视觉冲击力强的特点，是对国际化、理性化标准设计的感性化的补充（图 5–14）。

异形书籍的出现是为了打破重复带来的单调，从而形成对比效果，强调视觉中心，是书籍装帧设计中常用的手法。异形书籍最大的特点在于设计理念上的创新，以及体现单体不可替代的个性。异形书籍的形态统一主要体现在拟形态、几何形、概念形等内容上。

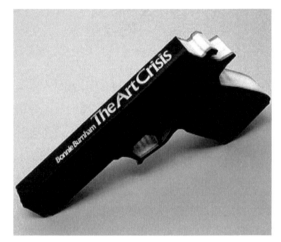 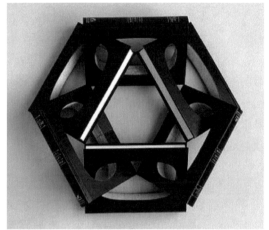

图 5–14　《艺术危机》异形书籍设计

5.3　书籍的感官融入

书籍是人类社会发展的重要推动力，是传播文化思想的重要载体，它扮演的不仅是传递知识的角色，更充当了传递情感和审美的工具。书籍形态的设计美感正在演变为一种动态的发展趋势，同时，这种美感具有多元的、丰富的复合性特点。感官鉴赏是一种普遍的现象，当代阅读者的审美活动是在生命体感官的基础上进行的，感官之所以具有鉴赏能力，主要原因在于它在识别、智化物体的过程中具有普遍性和反思性。

书籍设计大师杉浦康平认为：书籍是生命里温情的慰藉，给予人的审美感受在于阅读、触摸、听声、闻香、品味，感官的完美融入是书籍审美的重点所在。当读者翻阅一本书时，他全身的器官知觉会跟着一起活跃起来，此时，身体会伴随着阅读产生视觉、听觉、嗅觉、味觉和触觉。书籍设计是一个整体概念，除内容外，它还包括形式、形态、传达方法等设计元素，这些元素相互交融所传达的整体气息，构成书籍的完整"品味"（图 5–15）。

图 5-15　《哈利·波特》立体书籍感官设计

5.3.1　视觉

依据相关调查数据显示，"五感"中的视觉体验在书籍装帧设计中一直占据主导地位。书籍的视觉形象为读者提供最直接的艺术感受，当某本书的视觉体验具有足够的吸引力时，便会引导读者因好奇心翻阅书籍，从而产生其他的感官体验，它代表着一本书从被发现到阅读完毕的全过程。读者在阅读书籍的过程中，人与书的关系是动态关系，人对书籍的认知呈现为整体向部分最终再回到整体的延续关系。

书籍中的视觉形象是一种特殊的艺术表现形式，它通过对色彩构成、造型结构、材质肌理、图文排版、版面留白等元素的应用，充分体现书籍内容与形式的统一关系。因此，设计师在进行书籍装帧设计时，应首先展现其主体性，正确传达书籍的主要内容；其次才是彰显其艺术性，以提升读者的审美感受。书籍中的视觉体验能使读者在第一时间通过正确的视觉传达方式，形成清晰的认知（图 5-16）。

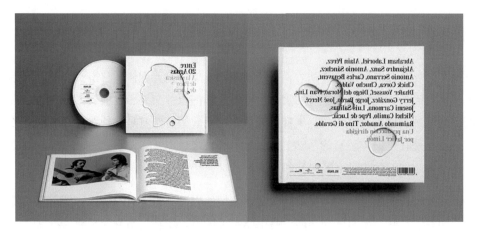

图 5-16　《Paco de Lucía》画册视觉体验

设计师在《Paco de Lucía》画册的封面上以凸面纹理的表现方式表现乐队主唱的剪影，别出心裁地将艺术与音乐完美地融为一体，在视觉上给人耳目一新之感，成功展现了音乐专辑封面设计的艺术魅力。

5.3.2　触觉

　　触觉又称触觉肌理，指依靠肌肤对物体表面的接触形成感知。触觉虽然属于人类整体的感官系统中最原始的部分，但是它对于人们认知事物起着重要作用。同时，它与视觉同样联系紧密，通过触觉的感知，读者可以更准确地了解书籍信息。书籍的轻重、材质、肌理等都会对读者产生不同的生理影响，从某种角度上讲，材料的肌理与特性对触觉的刺激能直接影响读者对书籍的审美认知，不同的材料带给人不同的感受。例如，金属有冰冷、坚硬的感觉，棉质材料有柔软、温暖的感觉，宣纸有细腻、质朴的感觉，皮质有复古、陈旧的感觉……在书籍装帧设计中，设计师可以通过材料、印刷工艺的选择为读者营造不平凡的触觉体验（图 5-17）。

5.3.3　听觉

　　广义下的听觉体验主要有三类：第一类是电子有声读物、广播收音电台、听书社区等有声阅读软件；第二类具体表现为书本翻页时因材质不同而发出不同的声音，但是这类声音对整体阅读效果影响甚微；第三类是指背景音乐，如书籍配套赠送的光盘，或者是在科技迅速发展下，新材料、新技术于书籍装帧设计中的应用，设计师提前设置翻阅书籍时的背景音乐。例如幼儿早教有声书就是利用听觉体验的设计方式，通过点读发声、按键发音的方法，为儿童提供更加智能化的学习方式。种种迹象表明，书籍的"听觉化"已经成为书籍设计发展的趋势，并且具有很大的发展空间。对于普通读者来说，听觉通常作为视觉的补充与延伸，起到使视觉感受更加完整和丰富的作用（图 5-18）。

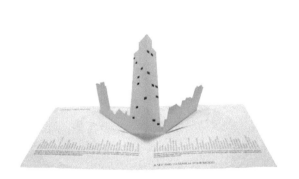

图 5-17　书籍中的触觉应用

图 5-18　书籍中的听觉应用

5.3.4　嗅觉

嗅觉的产生来源于气味，这里的气味主要意指"书卷气"。我国常用"书香"来代指"书卷气"。书香一方面是指书籍纸张本身具有的油墨味；另一方面是指书籍作为中国传统文化的载体而具有的特殊属性。

虽然嗅觉在书籍装帧设计中占的比例较小，但是它却是"五感"中最为敏感、持续时间最长的一种感官体验。相关试验证明，嗅觉会影响读者对书籍的关注度和持久度。如今，新材料、新技术飞速发展，为了使读者有更丰富的阅读体验，设计师将香料注入油墨及纸张中，使得原始书籍突破了传统设计形式，更具有多样性和真实性（图5-19）。

图5-19　《Pat The Bunny》的嗅觉应用

《Pat The Bunny》是一本激发孩子感官的英文互动启蒙书，虽然只有9页，但是却非常有创意，内容也非常丰富。该书不但充分调动了孩子的视觉、触觉、嗅觉，而且孩子在与书本以及父母进行的有趣的互动过程中，进一步深化了来自感知通道的感受。

图中这一页画了一些花，花的中间有很多小洞，能够闻到香味，激发孩子的嗅觉；另外一页有一面小镜子，可以让孩子照镜子，看到自己的脸，激发其早期自我意识。

5.3.5 味觉

在书籍设计之中，味觉有三层含义：第一种即"吃"，将书籍内容与现实之中的味觉感受相结合，虽然这种设计方式在书籍装帧设计中比较罕见，但是也是真实存在的，例如《Drinkable Book》精装书，它不仅可以饮用，甚至可以翻页、阅读；第二种是"味觉联想"，读者在接受视觉、听觉、触觉体验的过程中自然而然地联想出一种"味觉"；第三种是读者阅读书籍时的"品味"，书籍装帧设计是一个整体概念，它包括内容、形式、材质、肌理、排版等众多元素，这些元素相互融合形成书籍特有的"品味"（图 5-20）。

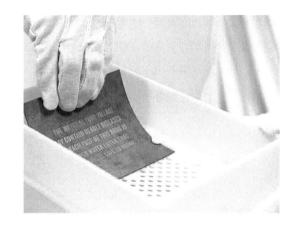

图 5-20 《Drinkable Book》的味觉应用

《Drinkable Book》是一本可以"喝"的精装书，书的内容是介绍如何滤水以及饮水基本知识的内容，水岛生活设计这本书的主要目的是为了过滤水中的杂质细菌，让一些不发达、缺水地区的人可以直接饮用收集到的水。这本书的每一张内页都可以撕下来过滤污水，且基本能达到北美饮用的水标准。

经过特雷莎·丹科维奇的多次试验和探索，最终将银纳米粒子成功嵌入纸张，做成了一种质地厚实、抗菌性很强的黄色纸张，其特点是能够除去原来水中 99% 的细菌。书上均使用可食用级的墨水，以英文和当地语言印刷了一些小知识，例如水传播的疾病类型，为什么要喝洁净的饮用水，以及如何正确使用这本书。

5.4 电子书的设计

电子书又称为 E-book，是指将文字、图片、声音、影像等内容以数字化模式显示在手持阅读器中，以电子文件的形式，通过网络下载至一般常见的平台，例如个人计算机、笔记本电脑、移动手机，或是任何可大量储存数字阅读数据的阅读器上。电子书是传统纸质书籍的可选替代品（图 5–21）。

5.4.1 电子书的发展

从 20 世纪 90 年代开始，电子书就已经引起人们的广泛关注，但由于当时技术的限制以及昂贵的价格，电子书仅停留在概念的层面上。如今，随着科技的快速发展，电子书已经进入第四代，从技术角度来看，它基于云端，无需下载就可以实现随时随地极速连接，并且可以全面支持图文、视频、音频、地理位置、电话、3D、重力感应、智能数据分析识别等交互体验，且电子书普遍应用 E-ink 电子墨水显示技术，不伤眼，令读者的阅读体验达到极致。

■ 电子书相比纸质书的优势

电子书是书籍发展历史上的一次革命，它运用了各种现代高科技成果，相比传统的纸质书，在传播、保存、阅读等许多方面有着巨大的优势。

（1）内容数字化，有利文化积累与传播。

（2）降低图书成本，价格便宜。

（3）便于携带，可将整个书库存于一张 DVD 之中。

（4）电子书易于更新、纠正错误和增加信息，可超链接，更易于获得附加信息。

（5）电子书实现了产品零库存，全球同步发行，购买方便快捷 。

（6）环保、节省纸张、减轻地球负担、零树木砍伐量。

（7）人性化，使残障人士阅读无障碍。视障人士可使文本字号增大，屏幕可在黑暗中增亮以利于阅读。

■ 电子书的发展趋势

（1）未来电子阅读器技术的演变可能大致经历以下几个大的发展阶段：黑白→彩色、静态→动态→柔性 (可折叠)、太阳能。

（2）未来电子书的优势在于：彩色显示，动态显示，显示速度提升；任意折叠柔性纸；双面显示，多屏重叠阅读；电子阅读器之间内容无线传输等。

（3）未来的电子书的运用将更加广泛，外形与现在的纸质书籍相差无二，加上"双面显示，多屏重叠阅读"的技术，纸质书籍将逐渐退出历史舞台。电子教科书的出现可能会掀起行业的一大变革，不超过 500g 的"体重"和不超过 1cm 的厚度，让喊了多年的"学习减负"彻底变成现实。孩子们不再背负沉重的书包上学，兜里揣上这个小巧的电子教科书即可，因为所有的课本内容校方在开学之初就已全部装到这个电子教科书中了。

图 5-21　电子书

5.4.2 电子书的视觉设计

现阶段，电子书的设计主要体现在封面设计上。在不久前的一次"数字图书的设计与出版"的活动上，书籍设计师戈德堡认为："电子书及其流式版面的统一性，是对美学的恶劣冒犯，以及在为数字读物做装帧设计时，所涉及的专业术语与纸质版迥然不同，或许其设计思维模式也应该是截然分开的。如果硬生生地将纸质版的设计转换为数字格式可能无法呈现出理想的效果。"

数字技术的光速发展给时间和空间赋予了一个全新的可能性，为书籍装帧设计带来了历史性的转变和革命性的变化。图书格式的转变为书籍装帧设计工作赋予了新的活力，电子书的封面应该打破纸质书的思维，充分利用数字版的动态和交互的优势。自从人们开始以数字计算机平台为载体进行艺术创作活动后，可以说是彻底地开启了艺术设计的新时代，人们在任何时间、任何地点都能享受到数字技术带来的便利，使得设计师们很多天马行空的创意不再被技术束缚，存在被实现的可能性，最终能够创作出越来越多的高水平作品。

电子书既能做到对传统艺术形态的继承，又能通过数字技术实现全新的艺术形态，使各种艺术形态相互融合，让纸质书的设计美感和视觉个性在数字空间得以保留。但是，现在大部分的电子书设计还是只停留在对于传统纸质书的复制，只是把文字从纸面上搬进了屏幕里，这相当于只是把电子书当作了传统纸质书的一个数字化版本，并没有完全发挥出它基于数字媒体设备所能呈现的全部优势。总而言之，电子书的视觉设计才刚刚开始，在视觉设计这方面，设计师们还需要深化研究，继续探索（图5-22）。

图 5-22 电子书 APP 封面设计

5.5 专题拓展：《The Real Cookbook》案例赏析

德国设计机构 KOREFE 成功设计出《The Real Cookbook》，这是一种可以真正食用的"面食书"，此书较好地展现了五感体验型设计，尤其是在味觉上的表现功力深厚（图 5-23 ～图 5-30）。

首先，书的外观如刚刚烘焙的新鲜面包一样可口，实际上，它也可以翻页、阅读，甚至每一页都具有不同的口味。其次，读者在翻页过程中，手指与书页发生接触时能清晰地感觉纸张的柔软、厚实，且能真实地闻到面食香。最后，将番茄、奶油、生菜、鸡蛋和奶酪等新鲜的食材夹进书的内页中，撒上奶酪条后放入烤箱，"面食书"便烹饪完成。

图 5-23 《The Real Cookbook》面食书

图 5-24 《The Real Cookbook》封面

图 5-25 《The Real Cookbook》字体设计

图 5-26 《The Real Cookbook》的触觉应用

《The Real Cookbook》是一本神奇的烹饪书，每"面"上都印着意式千层面的制作步骤，不仅可以指导烹饪，还可以食用。书页由 100% 新鲜的意大利面制成，书页间的酱汁和奶酪均经过 200℃的高温烹调而成，这本书最终会成为一份美味的点心。感观设计的成功应用，预示着未来书籍装帧设计的发展将有无限可能。

图 5-27　《The Real Cookbook》的视觉应用

图 5-28　《The Real Cookbook》的嗅觉应用

图 5-29　《The Real Cookbook》的包装设计

图 5-30　《The Real Cookbook》的味觉应用

5.6 思考练习

■ 练习内容

1. 准备一份市场调研报告。以热销中的儿童书籍为例，将不同书籍中使用的感官设计进行分析比较，并制作分析报告，格式为 PPT 或 PDF。

2. 自主设计一本书籍。要求在视觉和触觉的基础上，加入另一种感官方式，且至少使用一种特种纸材料，以达到新技术与内容的统一。尺寸为 A4，页数不少于 25 页。

■ 思考内容

1. 多感官设计理念融入书籍装帧设计中的积极影响有哪些？

2. 造型和材料的创新在书籍装帧设计中的合理应用？

3. 立体书籍如何营造空间美感？

更多案例获取

世界のデザイン誌　誠文堂新光社

IDEA 255

アイデア

INTERNATIONAL GRAPHIC ART 19

Special Feature:

Alternative Illustration

Design: Amy Guip

第 6 章　书籍装帧设计案例赏析

教学关键词：

大师作品　大赛获奖作品

教学目标：

● 学会赏析优秀大师作品，了解其风格

● 赏析大赛获奖作品，发掘其中的优点及创意，并尝试将其融入自己的作品之中

● 培养读者的阅读审美能力以及创新思维活动

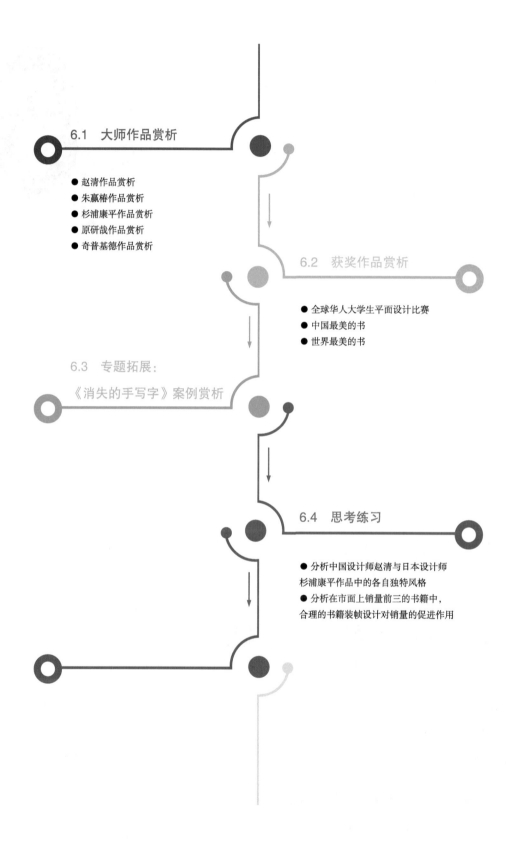

6.1　大师作品赏析

● 赵清作品赏析
● 朱赢椿作品赏析
● 杉浦康平作品赏析
● 原研哉作品赏析
● 奇普基德作品赏析

6.2　获奖作品赏析

● 全球华人大学生平面设计比赛
● 中国最美的书
● 世界最美的书

6.3　专题拓展：
《消失的手写字》案例赏析

6.4　思考练习

● 分析中国设计师赵清与日本设计师
杉浦康平作品中的各自独特风格
● 分析在市面上销量前三的书籍中，
合理的书籍装帧设计对销量的促进作用

6.1 大师作品赏析

书籍装帧设计在整个设计行业中一直有着举足轻重的地位，国内外有着许多令人尊敬的设计大师，例如中国的赵清、朱赢椿、陈幼坚等，日本的杉浦康平、原研哉、铃木一志等，他们都是世界上著名的设计大师，并为书籍装帧设计乃至平面设计界做出了卓越的贡献。

6.1.1 赵清作品赏析

赵清（1965—），出生于南京，国际平面设计联盟（AGI）会员，中国出版协会书籍设计艺术工作委员会副主任，深圳平面设计师协会（GDC）会员，南京平面设计师联盟创始人。

赵清于 1984 年 8 月至 1988 年 8 月期间，在南京艺术学院(原工艺美术系)装潢设计专业学习，并获得学士学位。这段学习经历为他日后的书籍设计事业奠定了坚实的基础。自 1988 年 8 月起，赵清一直在江苏凤凰科学技术出版社工作，担任编审职务。2000 年创办"瀚清堂设计有限公司"并任设计总监。同时，他还是南京艺术学院的兼职教授，是南京艺术学院设计学院硕士生导师，为培养新一代的设计师贡献着自己的力量。

赵清几十年来坚持致力于平面设计各个领域的实践与研究推广，个人设计作品获奖或入选于世界范围内几乎所有重要的平面设计竞赛和展览，并获得了英国 D&AD，美国纽约 One Show Design、ADC、TDC，德国 Red dot、IF，俄罗斯 Golden Bee，日本 JTA、东京 TDC，新加坡 SDA，中国深圳 GDC、中国香港 GDA、DFA 等众多国际设计奖项。特别值得一提的是，他的书籍设计作品 32 次获得"中国最美的书"称号，成为中国获此奖最多的设计师。

赵清是一位在书籍设计领域具有深厚造诣和广泛影响力的设计师。他的设计理念注重捕捉作品的情感和灵魂,使作品在情感表达上具有独特的张力,让人忍不住想要探索其中的故事。其设计作品常常展现出书籍与人的紧密联系，以及对设计概念的深刻理解。赵清的设计作品以独特的文化韵味、创新的设计理念和深厚的情感投入而著称，不仅在国内受到认可，还在国际上获得了荣誉，为中国乃至世界的书籍设计事业做出了重要贡献（图 6-1 ~ 图 6-3）。

图 6-1 《翻阅莱比锡》　　　　　　　　图 6-2 《流水》

　　左图《翻阅莱比锡》由赵清、朱涛共同设计的一本讲述 1991～2003 年间世界最美的书的获奖作品的故事，它与 2003 年后开始的中国最美的书评做了切线，有历史结点感。

　　右图《流水》将"流水"这一元素贯穿全书，函套整体呈现水蓝色，表面波纹曲线烫蓝，不规则分布。两侧切成波纹的形态，打破整本书的直线。封面白色也印有波纹，书脊用布做包裹，优雅自然。

图 6-3 《大舍》

　　赵清为《大舍》书籍封面设计出不同的版本，图中为水洗牛皮、质感如建筑常用的清水混凝土的艺术纸。设计师希望整本书是一个空间，淋漓尽致地将建筑的气质风格用书籍的方式呈现。总体保持较为"克制"，因建筑作品呈现出清水混凝土"素朴"的观感，所以作品集以多层次"灰"的方式呈现，维度丰富，层次感强。色调素雅。

　　盒装套书更便于取放。全书将中国传统文化孕育于书籍形态设计的每个细节中，使外在造型与内在精神得以统一。

设计师赵清将自己十余年来所设计的十七本书的设计过程和理念与读者分享，一并呈上作者、编辑与设计师合作的感悟，冷白与暖白的纸色，毛边与直边的切口，间隔交错，封面十七道压痕意喻十七本书的设计历程（图 6-4）。

《瀚书十七》诠释了赵清有关书与人、设计概念、制书体验的感悟，让读者从文字和图片等全方位了解到一本最美的书是如何诞生的。每本书的文本版式来自相对应的原书，书影图像贯通和合页，充分呈现十七本书的设计面貌。内页中有诸多文本格式的文章排列，诠释作者有关书与人、设计概念、制书体验的感悟。形式交替变幻，将全书复杂的体例多层次地呈现出来。

6.1.2　朱赢椿作品赏析

朱赢椿（1970—），成立随园书坊个人工作室，全国新闻出版行业第三批领军人才，第三届中国出版政府奖优秀编辑，江苏省版协装帧艺术委员会主任。朱赢椿所设计和出任美术编辑的图书有两千余本，其中获国内外装帧设计奖的图书有近 100 本，获奖作品不仅在国内同行中位居领先地位，并于 2010 年获得中国出版政府奖，个人书籍设计作品曾在德国、韩国等国家巡回展出。朱赢椿的书籍设计作品，不仅使国际同行认可了中国的图书设计，也使得国际社会开始关注中国的书籍装帧设计。

朱赢椿于 2004 年开始自主策划选题和创作图书，所策划书籍均以独特的装帧设计个性和内容的完美结合引起广泛的关注，其中《不裁》获得 2006 年"中国最美的书"和 2007 年"世界最美的书"铜奖，《蚁呓》（图 6-5）被评为 2007 年"中国最美的书"和 2008 年"世界最美的书"。同时，《蚁呓》被韩国、德国等国家购买版权，2013 年创作的概念摄影集《空度》被评为 2013 年"中国最美的书"（图 6-6）。

朱赢椿为中国版协装帧艺术委员会会员，中国大学版协装帧艺术委员会理事，曾数次组织和参与了国内外各类专业交流活动，2009 年担任"第七届全国书籍设计展"评委，2010 年和 2011 年连续两年担任"中国最美的书"评委。多年来持续策划各类书籍展览，如"德国最美的书"和"华东书籍设计双年展"等，他在中国国家设计期刊《艺术与设计》、日本设计杂志《IDEA》，以及《法兰克福汇报》《大公报》《华尔街日报》《CHINA DAILY》等海内外报纸上均刊登了个人作品。

图 6-5　《蚁呓》

　　《蚁呓》荣获 2007 年"中国最美的书"以及 2008 年"世界最美的书"特别制作奖。与常见的书不同，这本书的书名和作者等信息并没有体现在封面上，而是靠腰封来提示读者此书的内容。封面是一片纯白和几只蚂蚁，白色的面往往令人联想到广阔、空旷的空间，而黑色的点居其中，对比之下显得更加渺小，突显了本书的主题——以蚂蚁来类比人的渺小和挣扎，通过叙述蚂蚁的"人生轨迹"，记录它们寻找、迷茫、孤单的种种镜头，蚂蚁的呓语也是人的呐喊。

图 6-6 《空度》书籍装帧设计

　　《空度》是一本摄影集，记录了一条芦苇边的小船从早到晚的色调变化。为了还原画面的真实美感，朱赢椿选择了特种纸张，并且用四种色调来印黑白灰，使其间的层次能被印刷表现出来。朱赢椿的作品总是带给人哲学的遐想，这本书的设计也不例外。书套纯白，仅用手写体横排书名"空度"二字，如同开扇面一般将书套打开，"空度"二字分离，露出竖排的"空度"二字，并做了反白处理，以黑色的圆衬底。在这一开一合间，仿佛是一尾小船拨开芦苇从中穿过，又隐秘于芦苇中。其中传达的动静感受和克制微妙的禅意，与书籍内容保持一致。

　　为了不让书籍有装订的痕迹，破坏书籍所带来的微妙的气韵与画面的美感，整本书采用对裱的方式，全手工装订，书籍用纯黑布做封面，不同于纸的质感，布在触觉上有一种更柔软、静谧的感受。

6.1.3 杉浦康平作品赏析

　　杉浦康平（1932—），出生于日本东京。德国的教学体验让杉浦康平更加深入地了解和接受了西方的理性主义设计思想。他在 1967 年结束了乌尔姆学院的教学工作后又重新回到日本，1972 年，杉浦康平接受了联合国教科文组织的委托，开始对印度、泰国、印尼等亚洲国家的文字进行深入研究。这次研究学习，激发起杉浦康平对于亚洲视觉艺术文化的兴趣，也由此开始了其书籍装帧设计的职业生涯。1979 年，杉浦康平设计的一整套《教王护国寺藏传真言院两界曼荼罗》被誉为装帧设计界的精品。

　　杉浦康平有一句名言："一本书不是停滞某一凝固时间的静止生命，而应该是构造和指引周围环境的有生气的元素。"让书籍设计者和爱书人回味一生。他用独创的视觉信息图表提出崭新的传媒概念，更为今天的数码载体信息传播做了重要铺垫。他的"自我增值""微尘与噪音""流动、渗透、循环的视线流""书之脸相"等设计理念和"宇宙万物照应剧场""汉字的天圆地方说"等理论构成了杉浦的设计学说和方法论，这也就是杉浦康平的设计世界。

图 6-7　《银花季刊》1

　　实际上，杉浦康平在东西文化交互中寻觅东方文化的精华，并面向世界将其发扬光大。他是日本第二次世界大战后设计界的核心人物之一，是现代书籍实验的创始人和艺术设计领域的先行者，在日本被誉为"设计界的巨人"。他提出的编辑设计理念改变了出版媒体的传播方式，揭示了书籍装帧设计的本质。杉浦康平于 1980 年在东京西武美术馆举办的"曼荼罗的出现与消亡"展览，引起了日本平面设计界的广泛关注，这使得他在后来荣获了 1982 年"日本文化厅艺术选奖新人奖"和其他多项奖项。

　　在杉浦康平的诸多作品中，很多版面的排版设计都是将瑞士的网格系统运用到日文特有的竖排格式中，将西方规范化的编辑排版方式与东方神秘的混沌理论意识相结合。杉浦康平曾经说过他的设计是"悠游于秩序与混沌之间"。如他在《银花季刊》杂志上的封面设计便是对这一排版方式最好的阐述（图 6-7、图 6-8）。

　　现今杉浦康平依旧活跃在平面设计界的前沿，他的一生志在弘扬亚洲的艺术文化，并将其与书籍装帧设计进行完美的融合，为此，他也在一直不断地努力与探索着。

图 6-8　《银花季刊》2

　　《银花季刊》是反映日本民俗文化生活及日本审美观的美术杂志，分为春、夏、秋、冬四册。杉浦康平将其关于混沌与秩序的独特哲学思想体现在封面排版中，排版变化丰富，却又保持一致的风格。
　　由于杂志的封面需要包含很多复杂的内容，为了保证识别度，主标题选择了横轻竖重、易于辨认的明朝体。不同于西方设计规整排列、文字相同的排版，他将不同大小、字体、颜色的文字融于一体，灵动又富有层次。

6.1.4　原研哉作品赏析

　　原研哉（1958—），日本中生代国际级平面设计大师，日本设计中心的代表，武藏野美术大学教授，无印良品（MUJI）艺术总监。曾设计 1998 年长野冬季奥运会开、闭幕式的节目纪念册和 2005 年爱知县万国博览会的文宣推广材料，展现了深植日本文化的设计理念。原研哉在平面设计的各个领域都有所建树，在书籍装帧设计中，代表作由他担任设计和主编的《设计中的设计》《白》和《一册书》（图 6-9 ~ 图 6-11）。

　　以原研哉为代表的一些日本设计师，其设计的出发点并非是自我风格的表现或是个人情绪的张扬，而是从揣摩大众的感受出发——无论是视觉还是触觉。这样的设计师是把自己置于一个幕后的位置，用自己谦卑的思考为大众进行日常用品的再设计，引导大众发现日常生活中可以创新的闪光点。正如他所倡导的，"创意并不是要让人惊异它崭新的形式和素材，而应该让人惊异于它居然来自看似平凡的日常生活。"基于这样朴素却实用的观点，这种贴近生活、以生活的文化积累为素材的创新在这个纷乱的信息时代显然是十分可贵的，也必将有利于提高大众的审美意识。

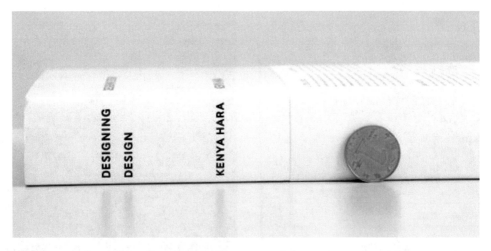

图 6-9　《设计中的设计》封面与内页

关于白色，原研哉曾经写过一本专著，他想仿效像哲学家九鬼周造的《Iki 的构造》、冈仓天心的《茶之书》这类评论日本传统美意识的书籍，通过"白"这个概念探寻隐藏在日本文化中的感觉资源。在他的定义中，"白"是所有颜色的合成，又是所有颜色的缺失，它让其他颜色从中逃离。因为避开了颜色，它变成一种空的空间，含有"无"和"绝对零"这样的抽象概念。"所以，我们是寻找一种感受白的感知方式。有了这种能力，我们才能意识到'白'，才能开始理解'静'和'空'，辨识出其中隐含的意义。"

作为生命的"初始颜色"，白几乎只存在于想象之中，因为生命一来到世上就接触了其他颜色，向混沌状态转移。不过，有这种"白"的意识很重要，即使它仅出于幻觉，但只要它存在过，就会一直成为对混沌灰色的抵抗。因此，对原研哉先生来说，"白"就是一种创造，需要人的努力，也可以视之为设计。他在《白》的序中说："设计是我的工作。我为人类的沟通而努力。这意味着比起做'东西'来说，我更多的是在解析'环境'和'条件'。"他的设计作品中，既有大量的"白色"运用，也处处可见"白"的理念。

原研哉先生为日本茑屋书店设计的标志，主体为日文汉字"屋書店"，只在汉字下方加注字号较小的英文"TSUTAYA BOOKS"，在色彩选择上也采用了稳重的黑白组合。运用大量留白，但不会显得空，使画面更富有张力。

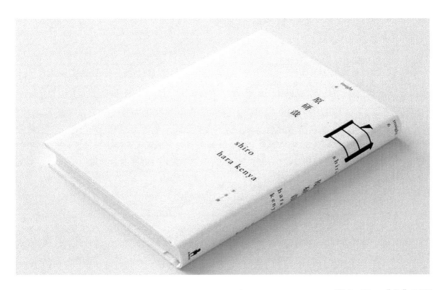

图 6-10　《白》封面

《白》中体现了原研哉的哲学想法，"白"在光学原理中可以通过所有光色混合形成；在绘画中，它脱离于三原色和三原色能调出的所有颜色之外，没有颜色能调出白色。所以"白"是"全色"和"无色"，它既包罗万象又空空如也。要理解《白》的书籍设计，同样不能脱离原研哉关于"白"的哲学。《白》是一本小而薄的书，借用"白"本身所具有的气质，外观大面积的白色表现出一种轻盈、纯净的空间感。书籍装帧设计也同样传达了"白"的精神。

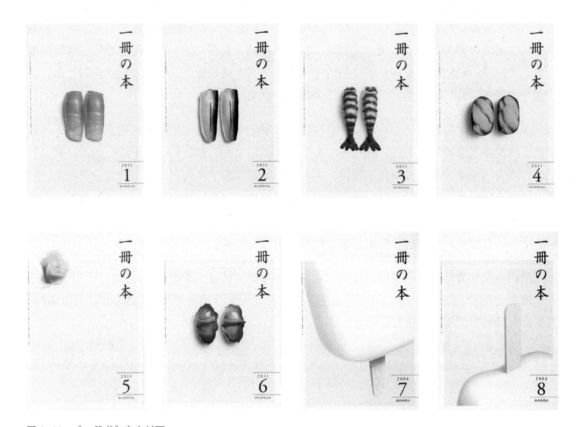

图 6-11　《一册书》杂志封面

　　《一册书》杂志的封面设计一直采用在纯白底色上放一件日常物品的图片，例如饮水瓶、舀水勺、雪糕、鱼干、石子等。有时甚至只是简单的白色冰淇淋被勺子挖过痕迹的图像，或者像雪地车辙那样随意地排列几道压痕的图像。

　　《一册书》以简约的风格呈现材料的本质，既体现了其"极简主义"美学观，又体现了纯粹之美。本书是对原研哉的设计理念以及作品的沿承和发展。

6.1.5 奇普基德作品赏析

奇普基德（1964—），现居纽约，美术设计师兼作家，曾担任世界各国许多著名作家的书籍装帧师，被人称为"世界最伟大的书籍装帧师"，因负责设计村上春树作品的美国版而名声大噪。他的书籍装帧设计超出了人们对一般图书封面的印象，每逢新书出版，都会以崭新的设计受到人们的关注（图6-12）。

奇普基德生于1964年，在美国宾夕法尼亚州的雷丁市出生长大。20世纪60年代刚好是美国流行文化起飞的年代，儿时的他从电视里发现了漫威及DC漫画公司等超级英雄世界里的美好，亦同时从电波中认识了手冢治虫以及阿童木。大学一毕业，奇普基德就搬到了憧憬的纽约，进入了一家公司当小助理。公司的成功发展让他有相当的自由度去发展其他的事业，比如写了两本畅销小说；搞乐队（成功到可以全国巡回演出）；到另外一家出版社的漫画部当编辑及美术指导（发掘了多名优秀漫画家，将日本的话题之作引进美国，例如《弟之夫》）；讲了好几个几百万人看过的TED演讲；出版自己的作品集、蝙蝠侠的收藏和历史集；写了历史上第一本面向孩童的平面设计教学书。

奇普基德设计了1500个以上的书籍封面，被称为"当代平面设计界的摇滚巨星"。可是就算如此，他仍然毫不造作地带着玩味的赤子之心。不过作为也许是当今英语世界最有名的书籍封面设计师，不可否认，他的创作对书的销量的正面影响。在他的作品集里随手一挑，你就可以翻到因为他的设计而变成20世纪90年代集体回忆的侏罗纪公园系列，或是村上春树的所有英语版小说，又也许是著名神经学家奥利弗·萨克斯非他不可的丛书封面设计（图6-13～图6-16）。

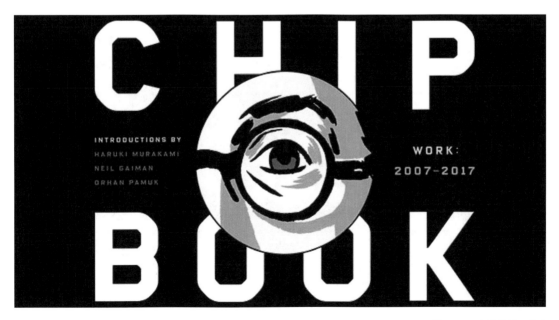

图6-12 奇普基德工作室

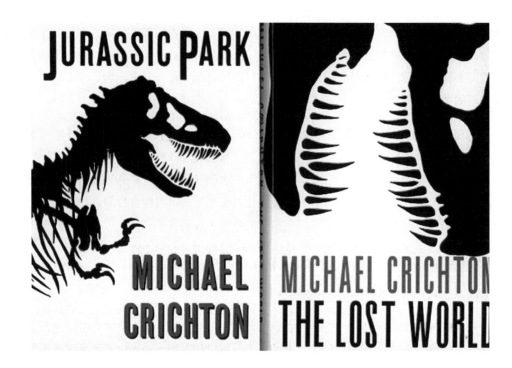

图 6-13　《侏罗纪公园》封面

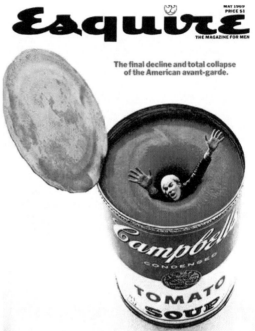

图 6-14 《Saquvie》封面

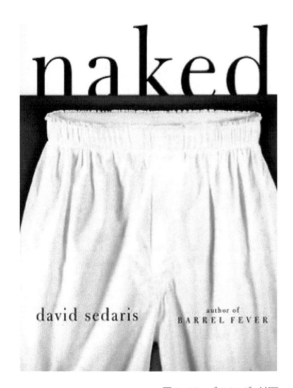

图 6-15 《naked》封面

图 6-16 《Dry》封面

6.2 获奖作品赏析

6.2.1 全球华人大学生平面设计比赛（又名靳埭强设计奖）

靳埭强于 1942 年出生于广州市番禺区，是国际平面设计大师、靳埭强设计奖创办人、国际平面设计联盟（AGI）会员，以及中央美术学院、清华大学、吉林动画学院等高等院校的客座教授。靳氏的作品在本地及海外获奖无数，是首位获选中国香港十大杰出青年、唯一获颁赠市政局设计大奖的设计师，首位名列世界平面设计师名人录的华人，并被英国选为 20 世纪杰出艺术家及设计师。其艺术作品常展出海外各地，曾在英国、美国、德国、芬兰、日本、韩国、新加坡等地多次策划及举行个人展览，业内称呼他为"靳叔"，在平面设计界是当之无愧的大师级人物。

靳埭强设计奖自 1999 年起至 2019 年，已成功举办了 20 届。为了给喜爱设计的华人青年提供一个展现自我创意的自由舞台，提升专业视野的广阔空间，比赛由 2005 年起将参赛对象扩大至全球华人大学生，并更名为"全球华人大学生平面设计比赛"（图 6-17）。该比赛评选出许多优秀的书籍作品，例如《乐舞敦煌》（图 6-18）、《农耕档案：1949 ~ 1979 东莞农耕史实》（图 6-19）、《桃花坞新年画 60 年》（图 6-20）等，如今它已成为中国大学生艺术设计比赛的知名品牌。

图 6-17 "全球华人大学生平面设计比赛"评选现场

图 6-18 《乐舞敦煌》书籍装帧

　　由曲闵民、蒋茜设计的《乐舞敦煌》获得了 2014 年"中国最美的书""全球华人大学生平面设计比赛"金奖两项大奖。这是一本对敦煌壁画中舞蹈声乐部分的临摹本，设计上希望在书籍呈现、作品本身与敦煌之间找到一种原始的联系和平衡，尽可能地还原出敦煌的时代感与沧桑感。

　　这本书历经一年多的编排、整理、制作，整本书大部分都是手工完成，封面选用了特别定制的毛边纸，采用手工装裱拼贴效果。在内页的设计上，所有的画稿都根据需要设计了不同的残卷效果，呈现出有年代感的凄美，与绚丽摹本的华美形成强烈对比。该书看上去残破不堪，但实质是挖掘并表现出具有历史年代特质的美感。同时，这本手工书的制作不仅增强了每本书的不可复制性，更加突出书籍本身的体验感。

图 6-19　《农耕档案：1949 ~ 1979 东莞农耕史实》书籍装帧

　　《农耕档案：1949 ~ 1979 东莞农耕史实》荣获 2016 年"全球华人大学生平面设计比赛"铜奖，莫广平在设计上特意打破了很多常规思维，如分册、封闭式，使之更符合现代人的审美。读者拿到书之后，需要"手撕"才能打开图书。这种参与性和互动性能让读者领略到"打开档案"的体验。此外，设计师还将一些如"苏州码"之类久远的农耕符号，以及从档案中提炼出来的一些字体和图形，重新自由组合于封套之上，从而使特定年代的生活韵味跃然纸上。

图 6-20 　《桃花坞新年画 60 年》书籍装帧

　　《桃花坞新年画 60 年》获得 2016 年"全球华人大学生平面设计比赛"金奖。潘焰荣设计封面的灵感来源于年画刻印的工序，选用双层月影纸烫透出繁密、朦胧的刻印痕迹，之间叠夹老旧的玫红色招贴纸作为底色，传统不显落伍、精致兼有文雅朴素。

　　十五孔的古线装订方式选用纯绿色麻线串联，与小块的绿色堵头相映成趣，又和玫红色插边形成视觉冲击，言明了木刻年画中"红配绿"的艺术特征。

6.2.2　中国最美的书

　　"中国最美的书"是由上海市新闻出版局主办的评选活动，以书籍设计的整体艺术效果和制作工艺与技术的完美统一为标准，邀请海内外顶尖的书籍设计师担任评委，评选出中国大陆出版的优秀图书20本，授予年度"中国最美的书"称号，并送往德国莱比锡参加"世界最美的书"的评选。截至2019年11月，"中国最美的书"评选活动已经成功举办16届，共评选出 "中国最美的书"342本。"中国最美的书"已经成为中国文化界的知名品牌，也为中国优秀的图书设计走向世界提供了有利平台（图6-21 ～图6-23）。

图6-21　"中国最美的书" 评选现场

图 6-22　《中国绘·诗韵童年》封面与内页

　　《中国绘·诗韵童年》由高豪勇、刘慧设计，新世纪出版社出版。该书曾获得 2017 年"中国最美的书"称号。书中编选了 6 位来自中国大陆和台湾地区的知名诗人的名作和新作，包括金波的《有一片绿叶沉默不语》、林良的《螃蟹踩浪花》、高洪波的《大象法官》、林焕彰的《两朵会跳的云》、樊发稼的《雨中的歌》和徐鲁的《桃花小鱼》。金波的优美婉转，林良的单纯明快，高洪波的幽默诙谐，林焕彰的奇思妙想，樊发稼的情理并茂，徐鲁的诗意叙事，6 位诗人的童诗题材各异，风格也自具个性，但都富有烂漫童趣和"中国韵味"。

　　《中国绘·诗韵童年》护封的动物形态模切突显了封面上的书名，配合烫银手法，营造出童话趣味和现代气息。以水墨绘制插图，生动活泼，使儿童读者易于接受。书页上有文字作为装饰，各个分册都有不同的基本色调，时尚靓丽。

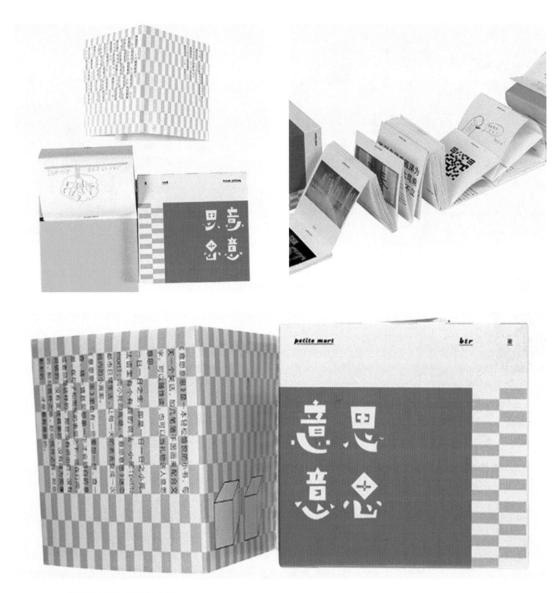

图 6-23 《意思意思》封面与内页

　　《意思意思》由刘伟设计，中信出版集团出版，曾获得 2017 年"中国最美的书"称号。本书是一本富有创意的小型书籍作品，书名"意思意思"的另一层含义是"一日一日之生，即一日一日之小死"。作者最开始设计的书籍形式结构是，希望通过结构来更新读者的阅读习惯，每天阅读一页，这种方式与图书主旨匹配。

　　书籍最终采取盒子加经折页的形式，并且每页连续处都有手撕线，读者可以每天撕下一页，这种互动性增加了阅读的趣味。图书整体充满活力和风趣，是一本可以把玩的书。

6.2.3　世界最美的书

　　"世界最美的书"是由德国图书艺术基金会主办的评选活动，距今已有近百年历史，代表了当今世界书籍艺术设计的最高荣誉（图 6-24 ~ 图 6-27）。

　　比赛评委会由来自德国、英国、瑞士、荷兰、罗马尼亚等国的著名书籍艺术家和专家组成。每年一届的"世界最美的书"共评选包括"金字符"奖一名，金奖一名，银奖两名，铜奖五名，荣誉奖五名，共计 14 种获奖图书。这些获奖图书都会在当年的莱比锡书展和法兰克福书展与读者见面，并在世界各地巡展，中国已有多件参赛作品入围。

图 6-24　"世界最美的书"评选现场

图 6-25 《茶典》书籍装帧

　　《茶典》荣获 2018 年"世界最美的书"荣誉奖。此书是以钦定《四库全书》中的 8 部茶学著作作为蓝本，精选中国历代"茶"主题珍品书画 9 件作为插页，全面讲述、刻画了中国的茶文化。潘焰荣成功运用现代设计语言，恰到好处地将茶这种中国文化的典型元素呈现在世界面前。

　　《茶典》内文采用双色印刷，完美再现了文津阁本《四库全书》小楷书法和白描手绘的艺术性，使读者在获得茶学知识的同时，也体验到中国传统书画艺术传达出的静雅古朴之美。插页采用 45g 宣纸，画面设计和装订方式突破传统做法，内容精选中国历代"茶"主题珍品书画；装订方式为空脊锁线装，封面设计以欧阳询的"欧体"为基础，设计"茶典"两字，以最简洁的手法突出主题，简约大气。封面印刷采用传统的凸版印刷工艺，色调丰富，从色彩和色调上契合"茶"的主题。

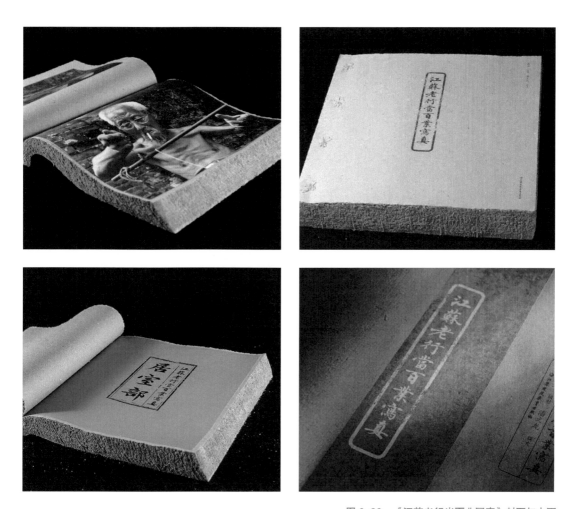

图 6-26 《江苏老行当百业写真》封面与内页

　　《江苏老行当百业写真》由凤凰出版传媒集团旗下的江苏凤凰教育出版社出版，周晨设计，龚为摄影，潘文龙撰文，是国内首部区域老行当纪实性记录的合集，曾获得 2018 年"中国最美的书"称号。

　　评委会给《江苏老行当百业写真》如下评语："设计处处显示真情，使用老店铺包点心的粗陋纸张并打毛边，表现逐渐消失的民间老行当百业，有朦胧之美。采取古老而民间的装订方式，页码设置奇特。内文的文字与大图片使用不同材质来表现，丰富了视觉语言。黑白图片印在粗陋纸张上，产生古老斑驳的意象，仿佛显示了新百业皆源自老行当。"

图 6-27 《园冶注释》封面与内页

　　《园冶注释》荣获 2018 年"世界最美的书"银奖，此书是我国著名林学家、造园学家陈植为明代造园学家计成所著《园冶》做的注释。

　　《园冶》于 1634 年写成，为中国最早、最系统的造园著作，同时也被誉为世界造园学最早的名著。本书是一本现代版本的古书，却洋溢着古风古韵。设计师张悟静的排版遵循传统，卷首页颇为内敛，内文隔断选用的纸张手感富于变化。全书采用单色印刷，图文搭配和谐，气质恰到好处，版面布局节奏则富于变化，给读者带来丰富的阅读体验。

6.3　专题拓展：《消失的手写字》案例赏析

　　《消失的手写字》的设计师是刘梦嫣，此书荣获 2015 年"全球华人大学生平面设计比赛"银奖。设计师采用新线装的装帧方式，红色的线外露，与内页中的主色调相呼应（图 6-28 ~ 图 6-32）。这本书的主要内容是讲述当信息时代到来，很多年轻人由于过度依赖电子产品，从而患上了"失写症"。

　　书中会有一些手写字出现，但是这些字会随着纸张的磨损渐渐消失，这样的设计暗示了人们逐渐减退的汉字书写的能力，表现了对于当今提笔忘字这种普遍现象的无奈与反思。

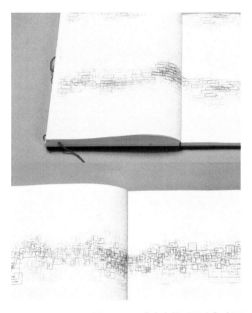

图 6-28　《消失的手写字》内页

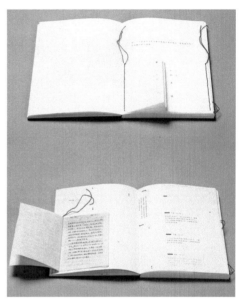

图 6-29　《消失的手写字》书籍装帧

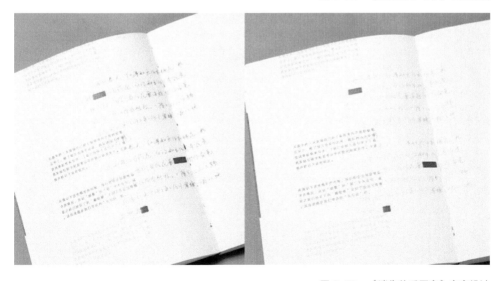

图 6-30　《消失的手写字》文字设计

　　设计师刘梦嫣在《消失的手写字》的外包装上费尽心思，她将透明的磨砂手提袋用红线细细缝合，形成独特、古雅的装饰效果，有一种此书弥足珍贵并渴望读者用心保存的心情。

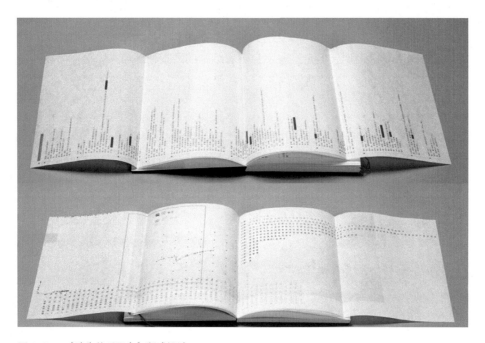

图 6-31　《消失的手写字》版式设计

图 6-32　《消失的手写字》外包装

6.4　思考练习

■　练习内容

1. 准备一份市场调研报告。以《安徒生童话》《格林童话》《伊索寓言》为例，进行不同出版社或不同版次的装帧设计分析比较。充分列举其特色，以及优缺点评价，并制作分析报告，格式为 PPT 或 PDF。

2. 准备一份市场调研报告。以中国四大名著为例，分析比较不同出版社或不同版次的装帧设计。充分列举其特色，以及优缺点评价，并制作分析报告，格式为 PPT 或 PDF。

■　思考内容

1. 分析中国设计师赵清与日本设计师杉浦康平作品中的各自独特风格？

2. 分析在市面上销量前三的书籍中，合理的书籍装帧设计对销量的促进作用？

更多案例获取

◆ **参考文献 /Reference**

[1] 孟卫东，王玉敏 . 书籍装帧 [M]. 合肥：安徽美术出版社，2007.

[2] 袁璐 . 书籍装帧 [M]. 郑州：河南科学技术出版社，2008.

[3] 陆路平，王妍珺 . 书籍装帧设计 [M]. 北京：中国建筑工业出版社，2015.

[4] 王玉敏，孟卫东 . 书籍装帧 [M]. 合肥：安徽美术出版社，2012.

[5] 肖勇，肖静 . 书籍装帧 [M]. 沈阳：辽宁美术出版社，2006.

[6] 杨倩，许滢，孙学瑛 . 版式设计原理 [M]. 北京：北京理工大学出版社，2013.

[7] 余岚 . 版式设计 [M]. 重庆：重庆大学出版社，2014.

[8] 肖巍 . 书籍装帧设计 [M]. 武汉：武汉大学出版社，2013.

[9] 张路光，成红军 . 书籍装帧设计与工艺 [M]. 天津：天津大学出版社，2011.

[10] 周雅铭，段磊，杨锦雁 . 书籍装帧 [M]. 北京：北京工业大学出版社，2012.

[11] 赵申申 . 书籍装帧设计手册 [M]. 北京：清华大学出版社，2018.

[12] 陆路平，王妍珺 . 书籍装帧设计 [M]. 北京：中国建筑工业出版社，2015.

[13] 李慧媛，张磊，张俏梅 . 书籍装帧设计 [M]. 北京：中国民族摄影艺术出版社，2011.

[14] 邓中和 . 书籍装帧创意设计 [M]. 北京：中国青年出版社，2003.

[15] 子木 . 书籍设计微课堂 [M]. 北京：首都师范大学出版社，2017.

[16] 周倩倩，杨朝辉 . 浅谈多感官体验下的书籍设计研究 [J]. 魅力中国，2019（8）:267–268.

后记

　　书籍装帧创意与设计是平面设计的基础课程之一。书中通过大量的案例分析，深入浅出地论述了书籍整体设计的内容与方法，力求为读者建构一个完整的书籍创作概念，并为读者的实际创作提供更有前瞻性的指导。本书既可作为高校艺术设计专业 "书籍装帧设计" 课程的教材和参考书，也可作为广告设计、包装工程、印刷工程等专业的教科书，更是一般读者了解书籍装帧设计，提高自身设计能力的实用参考书。

　　本书是在书籍装帧创意与设计教学、研究与实践的基础上编纂完成的。书中图例主要来自世界各地最前沿、最经典的优秀案例，一部分则选自学生的优秀作品。在此感谢所有案例版权方、创作者，因为你们的创造与奉献让世界变得更美丽！

　　同时，仅以此书纪念我国著名的设计教育家、设计思想家、设计大师：清华大学美术学院已故教授高中羽先生。在他逝世十周年之际，愿他的在天之灵能感知到弟子们一直在秉承他的遗志，致力于推动中国的设计教育事业。

杨朝辉　周倩倩　刘露婷

2020 年 3 月于苏州大学艺术学院